发电厂和变电（换流）站交流电源系统可靠性

李晶 陈缨 罗洋 陈轲娜 著

中国电力出版社

CHINA ELECTRIC POWER PRESS

内 容 提 要

电力系统是现代经济社会发展的重要能源基础。发电厂和变电（换流）站用交直流电源系统是影响电力系统发、输、变、配电安全可靠运行的关键环节之一。

本书共分为 8 章，分别为概述、术语与缩略词、发电厂用低压交流电源系统设计、变电站和换流站用低压交流电源系统设计、主要设备、可靠性分析、电压暂降对发电厂和变电（换流）站用低压系统可靠性的影响、标准体系分析。并将 IEC 基础、设备、测试装置技术标准一览表收在附录中，方便使用。

本书可供从事直流电源类设备制造、安装、运行、维护等专业技术人员和管理人员使用。

图书在版编目（CIP）数据

发电厂和变电（换流）站交流电源系统可靠性/李晶等著. —北京：中国电力出版社，2018.11
ISBN 978-7-5198-1880-7

Ⅰ. ①发… Ⅱ. ①李… Ⅲ. ①发电厂–交流电–系统可靠性②变电所–交流电–系统可靠性 Ⅳ. ①TM6

中国版本图书馆 CIP 数据核字（2018）第 059369 号

出版发行：中国电力出版社
地　　址：北京市东城区北京站西街 19 号（邮政编码 100005）
网　　址：http://www.cepp.sgcc.com.cn
责任编辑：罗　艳（yan-luo@sgcc.com.cn，010-63412315）　马玲科
责任校对：黄　蓓　太兴华
装帧设计：张俊霞
责任印制：石　雷

印　　刷：三河市万龙印装有限公司
版　　次：2018 年 11 月第一版
印　　次：2018 年 11 月北京第一次印刷
开　　本：710 毫米×980 毫米　16 开本
印　　张：11.25
字　　数：172 千字
印　　数：0001—1000 册
定　　价：98.00 元

电力系统是现代经济社会发展的重要能源基础。发电厂和变电（换流）站用交直流电源系统是影响电力系统发、输、变、配电安全可靠运行的关键环节之一，其在电能的生产、输送、配变过程中为电动机械设备、操作保护装置、滤波补偿器件以及照明消防设施等辅助设备提供电能的系统，不仅需要在正常情况下为辅助设备提供电能，更需要能在电网故障等异常情况下为重要辅助设备提供连续可靠的电能，保障发电厂、换流站和变电站正常运行，避免事故扩大、确保故障后快速恢复的基本保障。

随着社会经济和技术的发展，电力技术不断发展，电力系统与智能化技术广泛融合，电力系统的运行、控制和调度的数字化、信息化和智能化等方面得到显著的进步，对发电厂、换流站和变电站用交直流电源系统的运行稳定性和供电可靠性提出了更高的要求。

在此背景下，作者从发电厂、换流站和变电站用低压交流系统设计、产品选型、系统监测检测、调试以及维护等方面系统性地进行论述，介绍了新技术的发展和应用，并对 IEC、IEEE 等组织在该领域的标准化情况进行了阐述，力求为读者提供新的综合性论述和有价值的信息与建议。

书中选用了部分系统结构图、产品实物照片以供读者参考。

本书在撰写过程中，得到国家电网有限公司国际合作部、设备管理部和南方电网公司生产技术部的关切和指导，并得到了成都勘测设计研究院有限公司、北京人民电器厂有限公司、深圳市泰昂能源科技股份有限公司、川开电气集团、南京国臣信息自动化技术有限公司、东方电气（成都）工程设计咨询有限公司、中国长江三峡集团公司和西南电力设计院等单位的大力支持。参与本书技术指导、结构审核及资料提供的主要专家有范建斌、解晓东、陈曦、穆焜、秦莹、赵志群、杨忠亮、张明丽、陈文波、赵文庆、罗锦、宁鑫、王洪、赵梦欣、孔明丽、孔海波、王亚莉、罗琛、简翔浩、杨荆林、程冠锁、冯川、李涌泉、雷肖等，本书部分插图由国网四川省电力公司经济研究院曾鉴、蔡刚林、王涵宇协助绘制。在此，谨向他们出色贡献致以衷心的感谢。

　　由于这是本书的初版，难免存在论述不够充分之处，敬请读者批评指正。

作　者

2018 年 9 月于成都

前言

1 概　述

1.1 发电厂和变电（换流）站用低压交流系统

电力系统是现代社会的能源动脉和基础产业。随着社会经济的快速发展和电力技术的不断创新，发电机组单机容量、电网规模、系统电压等级和运行技术等得到不断提升，超超临界机组、超特高压输电网、智能变电站和可再生能源发电系统等事物开始大规模涌现，这些也对电力系统的安全、稳定运行带来了前所未有的挑战。同时，智能化、信息化技术不断与电力系统的各环节、各设备进行深度融合，使得电力企业与用户的互动性增强、系统对设备的感知性增强。因此，无论是电力设备还是电力用户，都对供电可靠性、电能质量有了更高的需求。

在电能生产及输配过程中，锅炉、发电机、换流阀和变压器等主要电气设备的安全、可靠运行，需要大量由电力驱动的辅助设备来为其服务，如磨煤机、给粉机、送风机、润滑油泵、冷却水泵、照明及保护控制装置等辅助设备。在发电厂、换流站和变电站中，为这些辅助设备提供电能的系统，称为发电厂和变电（换流）站用电系统。

发电厂和变电（换流）站用电系统的可靠供电关系到电力系统的安全、稳定运行水平。近年来，因发电厂和变电（换流）站用电系统出现故障或电能质量问题，而最终导致电厂停机、换流阀闭锁以及变电站全站失电的事故屡见不鲜。如，110kV 某变电站因电缆沟着火、站用交流电失电、直流系统异常，导致全站保护及操作电源失效，故障越级，最终造成变压器烧毁。某发电厂的低压交流电源系统发生电压暂降，使得给煤机（给粉机）变频器闭锁退出运行，造成炉膛灭火保护动作停机。某换流站因站用电系统电压暂降引发换流阀的冷却水泵失电，从而导致换流阀闭锁。当前，随着变频器在火电厂中的广泛应用，厂用电系统的供电可靠性及火电机组辅机的低电压穿越能力逐渐引起了人们的关注。

影响发电厂和变电（换流）站用电系统安全、可靠运行的因素较多，尤其是厂用电系统中的电气设备数量多、供电回路多、负荷种类多，给发电厂和变电（换流）站用电系统的可靠性提升带来了一定的难度。因此，从发电厂和变电（换流）站用电系统的设计、运行和维护方面入手，设计合理的系统结构及供电方式，选择适当的设备型号，定期或不定期开展正确有效的系统维护，是提升发电厂和变电（换流）站用电系统安全、可靠运行的关键点。本专著将主要从系统结构、设备选型、运行和维护等方面对发电厂和变电（换流）站用电系统进行分析论述。

根据 IEC 标准，交流 1000V 及以下、直流 1500V 及以下电压等级的系统称为低压系统。依据电压等级的不同，发电厂和变电（换流）站用电系统又分为厂站用高压系统和厂站用低压系统。发电厂和变电（换流）站用低压系统按照电源性质和负荷特性，又分为发电厂和变电（换流）站用低压直流系统和发电厂和变电（换流）站用低压交流系统。本专著主要对发电厂和变电（换流）站用低压交流系统进行介绍。由于火力发电厂、水力发电厂的低压交流系统比换流站、变电站的规模更大、结构更复杂，为简化阐述、方便阅读，本专著将分别按火力发电厂、水力发电厂、换流站和变电站进行阐述。

1.2　发电厂和变电（换流）站用低压交流系统应用

根据国际大电网会议 CIGRE B3.42 工作组的广泛调查，部分国家、地区的发电厂和变电（换流）站用低压交流系统在设计、设备选型等方面都存在着一定的差异。

在美国，发电厂和变电（换流）站用低压交流系统的变压器接线形式有△-△、△-Y、Y-Y，并根据二、三、四线制选择低压交流系统的电压等级，包括 120、208、230、240、277、347、480、600V。

在英国，发电厂和变电（换流）站用低压交流系统主要采用四线制，系统电压为 380V/230V，柴油发电机作为备用电源，并采用接地变压器作为站用变压器，这样的选择在其他国家的变电站中并不常见。

在中国，发电厂和变电（换流）站用低压交流系统的变压器接线形式为△-Y，主要采用 220V 单相系统和 380V/220V 三相系统，而接地变压器采用 ZNYn 联结，有时会兼带低压交流负荷。柴油发电机作为应急电源，且常用于火力发电厂中。不接地的交流系统也有在发电厂的厂房中采用。

此外，如接地变压器采用 Y-Y 联结，不仅能构成 10kV 或 6kV 系统中性点且可接入的消弧线圈，同时还能作为站用变压器使用，从而节省了投资，但该方式会给电能质量造成一定的影响。欧洲的负荷分类与确定方法有别于亚洲，这点本书也会提及。当变频驱动器作为重要的辅助负荷时，发电厂和变电（换流）站用交流系统是否应有更高的可靠性要求在本书中也将进行研讨。

各国的发电厂和变电（换流）站用电系统存在着多样性，这是因为各国在系统可靠性与经济性间的要求或考虑侧重不同。然而发电厂和变电（换流）站用交流系统的设计、设备选取、运维和维护的基本要求仍然存在一些共同点，可归纳如下：

（1）在设计上，一个好的发电厂和变电（换流）站用交流系统设计应简单、可靠且运行灵活。经过实践证明的典型设计方案和优秀的设计标准对设计人员来说至关重要。

（2）在设备上，发电厂和变电（换流）站用交流系统中的设备应符合产品技术标准，其性能良好、可靠性高。

（3）在环境上，发电厂和变电（换流）站用交流系统及其设备的安装应符合特殊设备的专用要求，特别是柴油发电机可能存在火灾隐患，需要在设计时考虑一定的保护措施。

（4）应根据相关技术标准对发电厂和变电（换流）站用交流系统开展定期的检修和必要的维护，并能及时监（检）测异常状态，隔离故障元件。

相比变电站和换流站而言，火力发电厂和水力发电厂中的低压交流系统规模更大、结构更复杂。因此本书重点讨论火力发电厂和水力发电厂的低压交流系统，换流站和变电站的低压交流系统仅做简要介绍。

本书不是详细的设计导则，但可以帮助没有相关专业背景知识的人员对低压交流系统有一个综合性的认识。本书共分为 8 章：

第 1 章：概述。发电厂和变电（换流）站用低压交流系统的基本概念、现状及各国间的设计与设备选型特点。

第2章：术语和缩略词。主要术语以及本书涉及的相关英文缩略词。

第3章：发电厂用低压交流电源系统设计。火力发电厂和水力发电厂的厂用低压交流系统的设计基本要求、设计流程和设计内容，包括交流负荷的分类、容量计算、电压选择、接地方式、系统结构等。

第4章：变电站和换流站用低压交流电源系统设计。基本要求和设计内容，包括交流负荷的分类、容量计算、电压选择、接地方式、系统结构等。

第5章：主要设备。包括低压变压器、电源切换开关、低压配电柜、低压交流断路器和低压电缆等。

第6章：可靠性分析。对影响发电厂和变电（换流）站用低压交流系统可靠性的关键因素进行分析，包括接地方式、保安电源、UPS、四极断路器等对系统可靠性的影响。

第7章：电压暂降对发电厂和变电（换流）站用低压系统可靠性的影响。对电压暂降影响火力发电厂可靠性进行分析。

第8章：标准体系分析。对发电厂和变电（换流）站低压交流系统技术领域的国际标准化组织中相关标准的制定现状分析以及未来的技术标准需求。

② 术语和缩略词

本章介绍了所使用的术语和缩略词。

2.1 术　　语

1. 大型水力发电厂

单厂装机容量在 250MW 及以上的水力发电厂。

2. 中型水力发电厂

单厂装机容量介于 25～250MW 的水力发电厂。

3. 小型水力发电厂

单厂装机容量小于 25MW 的水力发电厂。

4. 变压器

用来向系统或用户输送功率的变压器。

5. （电动机的）临界电压

电压降低到足以使电动机疲劳、堵转的电压。

6. 欠电压保护

在临界电压出现时，低压保护电器动作切除电动机。

7. 失压保护

当电网电压低于电动机的临界电压时，保护装置动作。失压保护是欠电压保护的一种。

8. 系统标称电压

用以标志或识别系统电压的给定值。

9. 系统运行电压

在正常运行条件下系统的电压值。

10. 系统最高电压

在正常运行条件下，在系统的任何时间和任何点上出现的电压最高值。

2.2 缩 略 词

文中使用的缩略词见表 2-1。

表 2-1 缩 略 词

缩略词	全 称	中文解释
ATSE	Automatic Transfer Switch Equipment	自动切换开关电器
CB	Circuit Breaker	断路器
EPS	Emergency Power Supply	应急电源
GCB	Generator Circuit Breaker	发电机出口断路器
HV	Higher Voltage	高电压
LV	Low Voltage	低电压
MABTD	Microprocessor-based Automatic Bus Transfer Device	基于微处理器的自动切换装置
MV	Medium Voltage	中等电压
PE	Protective Earth	保护接地
PVC	Polyvinyl Chloride	聚氯乙烯
RCD	Residual Current Protection Device	剩余电流保护器
SST	Station Service Transformer	厂（站）用变压器
TN-C	Terre Neutre-Combine	中性线与保护接地线合一
TN-C-S	Terre Neutre-Combine-Separate	建筑物内将中性线与保护接地线分开
TN-S	Terre Neutre-Separate	中性线与保护接地线分开
UPS	Uninterruptible Power Supply	不间断电源
XLPE	Cross-linked Polyethylene	交联聚乙烯
IEC	International Electrotechnical Commission	国际电工委员会
IEEE	Institute of Electrical and Electronics Engineers	电气和电子工程师学会
CIGRE	Conference Internation Des Grands Reseaux Electriques	国际大电网会议

3 发电厂用低压交流电源系统设计

发电厂用交流系统是发电厂的重要组成部分，合理的厂用电接线、恰当的电压等级，不仅对机组的安全稳定运行、方便操作及维护等起着重要的作用，还能降低工程投资。特别是大型发电厂的厂用交流系统，由于交流设备的数量和负荷容量都大，因而对厂用交流系统的设计要求更高。厂用交流系统的接线形式一般应遵循以下基本原则：

（1）各单元机组的厂用交流系统应保持独立性，尽量减少单元之间的联系，以提高运行的安全可靠性。一台机组的故障停运或其辅机的电气故障，不应影响到另一台机组的正常运行，并能在短时间内恢复本机组的运行。

（2）设备可靠，接线清晰、简单，便于机组的启、停操作及事故处理。

（3）厂用交流系统的工作、启动和备用电源应可靠且容量充裕，尽可能地限制事故波及范围，减少主要设备损坏数量。

（4）考虑发电厂整体发展规划，针对后期扩建，厂用交流系统的容量应留有适当裕度。

（5）注意节约投资，减少电缆用量。

经过对多个设计单位和发电厂实际工程的调研，发电厂的厂用交流系统设计具有以下特点：

（1）电气设计工作量繁重。发电厂设计任务中，电气设计工作的出图量较大，其中厂用交流系统的电气设计工作涉及的专业面广、各类数据的量大，且需要绘制的设计图多，是整个设计工作比较繁重的部分。

（2）设计思路不同，往往一图多样。目前，厂用交流系统的总体设计方案中，10kV 和 6kV 系统的设计方案已相对成熟，电气一、二次线的设计延续性较好，但在一次的配置接线、二次的保护测量及通信等方面都存在设计上的差异。这些差异，一是因各国的技术标准规定不同造成的，二是因设计公司的设计思路不同而造成的，三是因用户有差异性要求造成的。

本书整合了不同工程间大致相似的设计思路，对发电厂用交流系统的电压等级、中性点接地方式、电源配置以及配电网络进行介绍。同时，根据负荷对供电可靠性的不同要求，有针对性地为其配置合理的电源数量、适当的接线回路，并对不同的供电方案进行比较，以期为不同差异要求的用户提供一个设计参考。

3.1　设计的一般要求及流程

发电厂用交流系统的设计，是在发电厂完成了电力工程规模、选址、环评等前期工作后，在确定的环境条件下开展的设计工作。其设计工作主要是厂用交流供电电源和交流配电网络的设计，包括低压厂用变压器、控制和保护电器、连接导体（母线、电缆）、指示仪表及监测装置等设备的连接方式、基本功能、种类型式、配置数量、额定参数等的选择。同时，厂用低压交流电源系统的设计需要进行可靠性和经济性比较，还可能会涉及供电负载对系统设计的影响。总之，设计的原则是安全可靠，经济适用，便于安装、运行和维护。

变电站和换流站低压交流系统的设计要求、流程与发电厂相似，在本书中不再赘述。

3.1.1　系统设计的基本准则

厂用低压交流系统应向厂用电气设备提供充足、可靠和优质的电能，故可靠性、经济性、灵活性是对厂用低压交流系统设计的基本要求。

1. 可靠性

厂用低压交流系统是保证发电厂安全可靠运行的重要辅助系统，而保证厂用低压交流系统可靠供电是设计工作的核心。可靠性包括充裕度和安全性两个方面。

充裕度是指厂用低压交流系统维持连续供给交流负荷总的电能的能力，同时还应考虑系统元件的计划停运及合理的期望非计划停运，主要体现在供给经常负荷、冲击负荷及交流停电状态下连续供给事故负荷的供电能力。

安全性是指厂用低压交流系统承受突然发生扰动的能力，如系统突然短路、低压骤降或失去系统元件等。

2. 经济性

厂用低压交流系统设计必须考虑交流供电系统建设、运行和维护的经济性。它包括开关设备、电缆、监测和检测等设备的一次投资和折旧，也包括运行中设备的工作效率、设备运行损耗、监控人工费用及维护中的检测、更换元器件的费用等。

3. 灵活性

厂用低压交流系统在设计阶段会遇到很多不确定因素，在投产运行后及其后期扩建过程中，厂用低压交流系统的负荷及网络情况还有可能发生某些变化。设计的厂用低压交流系统应具备在变化不大的情况下满足应有技术经济指标的能力，具备能够灵活满足正常运行、检修及事故情况下各种元件投退的能力。

3.1.2 系统设计的基本流程

厂用低压交流系统的设计属于发电厂整体设计中的一个子部分，其设计应严格遵循发电厂的设计要求，包括环境要求及发电厂扩建等要求。虽然，对于厂用低压交流系统的设计，各国并没有一个统一的设计流程，但基本上主要分为以下八个阶段，其流程见图 3-1。

（1）准备阶段。查阅发电厂的可行性研究与初步设计报告，并收集发电厂地理位置、发电厂容量、周边电源情况等。

（2）调研阶段。与客户沟通了解设计需求，收集发电厂运行方式、低压负荷和供电距离等资料，并在充分了解客户设计需求的前提下开始设计。

（3）交流负荷统计。开展交流负荷的分类与统计，形成交流负荷统计表等。

（4）系统设计。开展厂用低压交流系统的电压选择、工作电源选择、中性点接地方法、母线接线方式、供电网络、保安电源和不间断电源的设置等。

（5）保护与监控设计。开展系统的保护设计，以及测量、信号和监控装置的安装设计。

（6）设备选择。开展系统短路电流计算与设备校验，开展断路器、熔断器、隔离开关、配电柜、母线与电缆的选型。

（7）设备布置。开展低压配电变压器、控制与动力电缆及配电装置的布置等。

（8）其他专用设计。如柴油发电机、自动装置等系统的专用设计。

3.1.3 系统设计的内容与基本要求

1. 系统电压的选择

厂用低压交流系统的电压等级应与本国的工业、民用低压配电电压等级相同。但系统标称电压不是设备的额定电压，相关设计要求将在后文中讲述。

2. 系统接地方式

厂用低压交流系统采用的系统接地方式主要有 TN、IT 和 TT。具体选择哪种形式，需要综合考虑短路阻抗值的大小、接地检测手段的可用性、系统供电的安全性及与照明系统的兼容性等。

3. 厂用低压交流负荷

由厂用低压交流系统供电的低压交流负荷种类多、分布广、用途各有不同，因此低压交流负荷的分类方法也各有不同。

4. 厂用低压交流电源

厂用低压交流电源需要满足各种运行方式下的负荷需求，确保对低压交流负荷的可靠供电。厂用低压交流电源主要包括工作电源、备用电源、事故保安电源和交流不间断电源。

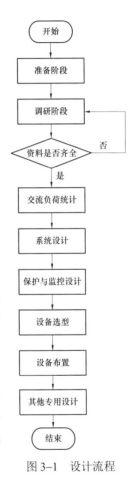

图 3-1 设计流程

5. 厂用低压交流接线

低压交流负荷多、范围广，设置每个低压交流负荷的供电回路时需要综合考虑机组和变压器的容量、负荷的重要性、负荷的容量、负荷的数量及负荷的位置等因素。

6. 系统保护设计

（1）绝缘配合。系统绝缘水平由设计选定系统电压所决定，并且都已有绝缘配合的规范。但对有大电感性负载的系统，由于存在操作过电压产

生的可能，故当过电压幅值会对低压交流系统造成危害时，需要考虑设置抑制过电压的装置。

（2）短路电流。计算短路电流的目的主要是为了选择熔断器或断路器的开断能力，而熔断器或断路器、电缆等回路的阻抗会产生不同的限流作用，计算短路电流时必须要考虑这些因素。

在厂用低压交流系统中，选择电缆截面时，除要考虑载流量外，设计时还要考虑在最严苛的运行条件下，如电动机堵转时，电缆截面也能满足用电设备正常工作的电压要求。同时，还应在设计时验证预期短路电流对网络末端的较小截面电缆的损害程度。

（3）级差配合。为了减小厂用低压交流系统故障的影响范围，各级保护电器在保证动作的灵敏性、选择性的前提下，还需要满足上下级的级差配合要求。

7. 系统监控与检测设计

完整的厂用低压交流系统除主要的电源设备和配电设备外，还应配置完善的指示仪表及监测装置，这样才能使厂用低压交流系统正常运行。指示仪表、信号系统、通信系统已在一些典型设计中体现，为提高厂用低压交流系统的运行可靠性发挥着重要的作用，但也需要设计人员根据具体工程需求进行配置。

8. 设备维护与备品、备件

设备应按照产品技术条件和技术规范的规定进行试验、更换等，进行维护工作时要求的场地空间、柜门开启角度与方向、检修电源设置等均需要在设计时统筹考虑。

根据所设计的厂用低压交流系统的构成、设备部件故障率等来进行相应技术参数规格的特定备品、备件储备。当设计选择的设备或部件是容易获得的、通用可替换的，则可不进行备品、备件储备。应该注意的是，设计选择备品、备件还需要考虑储存失效周期的要求。在设计时，可对一些设备设计一定的冗余量，以达到备用的作用。所以，必须依据具体工程系统设计的特点和运行要求，综合分析必要性和迫切性来确定备品、备件储备清单。

9. 其他要求

选择的设备首先应满足系统绝缘水平和预期短路电流的动、热稳定要求，保护电器的时间–电流动作带和额定参数。检修电源箱内配置的断路器必须选择带有漏电保护功能，配电柜内的母线应考虑进行绝缘化处理，以保护人员安全和降低母线故障发生概率。

总之，为了尽可能提高厂用低压交流系统的供电可靠性，有必要对厂用低压交流系统中的主要设备实施冗余配置，但过度的冗余配置会带来投资增加、系统结构复杂和运行维护不便等弊端。因此，在保证厂用低压交流系统基本安全要求的前提下，要根据准确快速切除电网故障、保护重要设备和尽快恢复电网运行的原则，结合各类负荷特性及其供电差异性的要求，优化交流电源系统的设计，以实现厂用低压交流系统的高可靠性。对于厂用低压交流系统中的低压交流电源，各国会根据长期的运行经验突出各自的特点，但基于高可靠性的设计理念是相通的。以下对设计流程中各环节进行具体的描述和讨论。

3.2 火力发电厂用低压交流电源系统的设计

3.2.1 火力发电厂用电交流系统简介

火力发电厂中电能的生产过程是将燃料燃烧时产生的热能转换成电能的过程。燃料在锅炉中燃烧并将水转换成一定压力的水蒸气，水蒸气驱动汽轮机旋转并带动与之连接的发电机同步转动。围绕着锅炉–汽轮机–发电机这个主系统，有众多的辅助系统为其服务，这些辅助系统又由成百上千个电动机械组成。这些大大小小的电动机械设备，称为厂用辅助设备。为这些厂用辅助设备提供电源的系统，称为厂用电系统。下文将主要对厂用交流系统进行阐述。

火力发电厂的厂用交流系统示意见图3–2，它由厂用高压交流系统（如10、6kV或3kV）和厂用低压交流系统（400V、400V/230V）组成。本章主要对厂用低压交流系统进行讨论和分析，重点介绍厂用低压交流系统的负荷分类、电源性质以及一些典型的设计方案等内容。但因高低压系统之间存在密切联系，因此本章也将不可避免地涉及部分厂用高压交流系统。

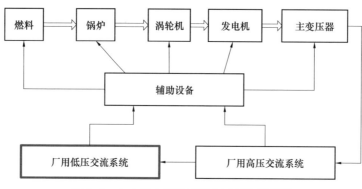

图 3-2　火力发电厂的厂用交流系统示意图

3.2.2　厂用交流系统电压等级

火力发电厂的厂用交流系统与水力发电厂不同，与变电站和换流站的区别更大。火力发电厂一般规模大，厂用辅助设备数量多、容量也较大，除了低压厂用交流系统外，还需要配置高压厂用交流系统，为锅炉、燃料、水处理等系统的辅助设备提供电源。厂用交流系统电压详见表 3-1。

表 3-1　　　　　　　　　　厂用交流系统电压值

序号	厂用电系统的电压	参考数值（V）
1	系统标称电压	380、380/220、3000、6000、10 000
2	系统运行电压	400、400/230、3150、6300、10 500
3	系统最高电压	3600、7200、12 000

系统标称电压，是用以标志或识别系统电压的给定值。系统运行电压，是在正运行条件下系统的电压值。对于厂用电系统，系统运行电压为系统标称电压的 1.05 倍。系统最高电压，是在正常运行条件下，在系统的任何时间和任何点上出现的电压最高值。

厂用高压交流系统可以设计为单一电压等级，如 3、6kV 或 10kV，也可以设计为两级电压等级，如 10kV 和 3kV 两级。具体设计时是选择一级电压还是两级电压，主要由机组容量、出口电压和发电厂的辅助设备容量、供电范围等情况决定。

对于厂用低压交流系统，其电压等级一般选择与本国的工业、民用低压配电电压等级相同。例如，中国一般采用 380V 三相交流系统及相应的 230V 单相交流系统；欧洲采用 690V/380V、380V/230V；澳大利亚采用 415V/240V 和 380V/230V，但今后会依据 IEC 技术标准逐步统一为 400V/230V。

3.2.3　厂用低压交流系统的接地方式

厂用低压交流系统采用的接地形式主要有 TN、IT 和 TT 三种。接地形式的选取是根据系统短路阻抗值、系统供电的安全性及与照明系统的兼容性等方面来综合考虑的。例如，为了提高主厂房供电可靠性，主厂房的低压交流系统会采用 IT 系统接地方式，即中性点不接地的三相三线制或经高电阻接地的方式。辅助厂房的交流负荷相对较小而且较分散，为了使保护装置快速动作，降低对人员的伤害和设备的损坏，一般采用中性点直接接地的方式，如 TN–C、TN–C–S 和 TN–S。主厂房内的低压厂用电系统中性点接地方式主要采用以下形式：

（1）动力系统的中性点采用高阻接地、直接接地或不接地方式。

（2）照明/检修系统的中性点采用直接接地方式。

（3）辅助厂房的低压厂用电系统中性点一般采用直接接地方式。

有关低压交流系统的中性点接地系统与不接地系统的选择以及优缺点的比较，具体在 6.1 中进行分析阐述。

为便于在检修、插座等供电回路中设置漏电保护，这些负荷终端系统通常使用 TN–S 接线。当主配电柜从 TN–C 系统变为 TN–S 系统时，由于 N 线只能一点接地，而 PE 线为多点接地，所以在 N 线和 PE 线分开后，N 线就不再接地，即在分配电柜的 N 线就不再接地，如图 3–3 和图 3–4 所示。关于 N 线一点接地的优点和相关要求，具体可阅 IEC 60364–5–54、IEC 60364–4–41 等。

3.2.4　低压厂用交流负荷的分类

一座火力发电厂会有数以千计的交流辅助设备，这些辅助设备的容量大小及自身特性参数就决定了其应接入厂用高压交流系统还是厂用低压交流系统。如果把容量较小的辅助设备接入厂用高压交流系统，其设备的绕组将极细而绝缘介质极厚，这样不但使设备的生产工艺难度增高，而且使

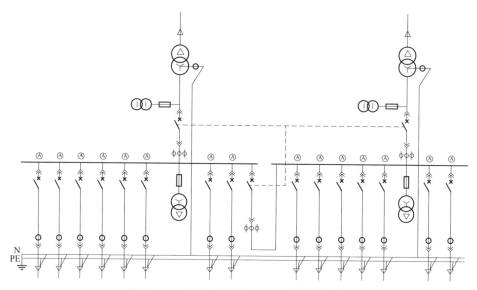

图 3-3　主配电柜接线 N、PE 线接地方式

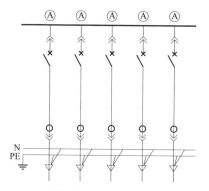

图 3-4　TN-S 系统分配电柜接线 N、PE 线接地方式

其经济性降低。所以，根据生产工艺和经济性的要求，当辅助设备容量达到或超过 200kW 时，一般将其接入厂用高压交流系统；当辅助设备容量小于 200kW 时，而将其接入厂用低压交流系统。

　　由厂用低压交流系统供电的设备，称为厂用低压交流负荷，主要包括容量在 200kW 及以下的各类电动机、直流充电装置、UPS 设备、照明设备以及检修设备等。低压交流负荷种类多、分布广、用途各有不同，其负荷分类方法也不同。以下就经常应用的几种负荷分类方法进行介绍。

1. 根据电源的种类分类

绝大多数的厂用负荷使用交流电源，因为交流电源能从发电机出口或从电网经降压后直接获得，故其运行、维护都很方便。而那些必须用直流电源或在全厂各交流电源消失后仍需继续运行的负荷，则由另设的直流电源供电，如控制、保护、通信系统和直流电机等。一般将接入厂用交流系统的负荷称为厂用交流负荷，而接入厂用直流系统的负荷称为厂用直流负荷。

有一种负荷由低压交流供电，其交流供电电源来自逆变器或交流不间断电源（UPS）。虽然，这里供给负荷的低压交流电源是经直流逆变后产生的，但这种负荷按其实际使用的电源种类仍将其称为交流负荷。

将负荷按电源种类分类，可以使设计者了解负荷的电源要求，以及分别计算交直流电源的容量，并将负荷按其供电电压性质分别接入不同系统，也可使运行人员据此很容易地找到该负荷的供电系统。

2. 根据工艺系统分类

一座大型发电厂的厂用电气设备可达上千台，这些设备集中在一个或几个工艺系统中，所以在设计上可按负荷所属的工艺系统进行分类。一座火力发电厂大致可分为汽水系统、制粉系统、燃烧系统、开式及闭式冷却水系统、润滑油系统、循环水及供水系统、输煤系统、燃油或点火系统、水预处理及化学水系统、除灰系统、控制系统，以及电气、修配、暖通等公用负荷系统。

由于这种方法与专业分工相对应，便于发电厂专业技术人员的日常管理，所以使用很普遍。厂用电交流系统也常按此配置电源，如化学变压器、输煤变压器等。

3. 根据负荷重要性分类

各厂用低压交流负荷在火力发电厂生产中的重要程度不同，其供电方式也会有所不同。按其在生产过程中的重要程度，可将厂用低压交流负荷分为以下几类：

Ⅰ类负荷：这类负荷对火力发电厂的生产极其重要，即便是短时（手动切换恢复供电所需的时间）停电也可能危及人身或设备的安全，使生产停顿或发电量大幅度下降。

Ⅱ类负荷：这类负荷允许短时停电，但如果停电时间过长，则有可能损坏设备或影响正常生产。

Ⅲ类负荷：这类负荷一般与生产工艺过程无直接关系，即便较长时间停电，也不会直接影响主要设备正常运行。

保安负荷：指为保证机组在发电机停机过程中和停机后一段时间内必须保持运行的负荷，如润滑油泵、密封油泵、盘车装置、顶轴油泵等，否则会引起主要设备损坏、自动控制失灵，并有可能延迟恢复供电的时间。

不间断供电负荷：指发电机组在启动、运行、停机以及停机后相当长的时间内，都要求连续运行的负荷，主要指供机组控制用的电子计算机。这类负荷在经受电源的短时中断（超过100ms）或扰动时，会造成计算机监控系统的死机或重启。因此，采用计算机进行监控的火力发电厂都需要配置交流不间断电源，用来提供连续、稳定的交流电源。

3.2.5 低压交流电源

厂用低压交流电源的配置应与发电厂的装机容量和运行方式相匹配，且应满足发电厂在不同运行方式下的厂用低压交流负荷的用电需求。因此，为了保证交流负荷的连续、可靠供电，在设计时对厂用低压交流电源进行了功能划分，主要包括工作电源、备用电源、事故保安电源和交流不间断电源，如图3-5所示。

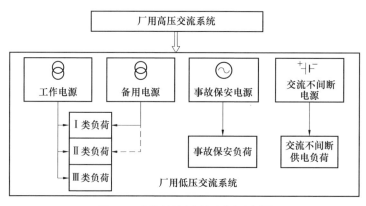

图3-5 厂用低压交流电源示意图

1. 低压厂用工作电源

低压厂用工作电源，是在发电厂正常运行下保证厂用低压交流负荷正常运行的基本电源。低压厂用工作电源，是经低压厂用变压器引接至高压厂用母线来获得的。通常一台机组的低压厂用变压器接至其对应的高压厂用工作母线供电，这使得厂用电接线简单明了，也使得机组间电源相互影响更少，供电独立性更好。

2. 低压厂用备用电源

低压厂用备用电源，是在厂用工作电源失电后投入，使厂用低压交流负荷能够继续运行的电源。为确保工作电源与备用电源之间的独立性，并避免两类电源同时失电，低压厂用备用电源与工作电源需分别由不同的高压厂用母线段供电。

对于接有 I 类负荷的低压动力中心的厂用母线，宜设置备用电源；对于接有 II 类负荷的低压动力中心的厂用母线，可设置备用电源；对于仅接有 III 类负荷的低压动力中心的厂用母线，可不设置备用电源。

备用电源的备用方式有两种，分别是明备用和暗备用。为了直观理解两种备用方式，以两台厂用低压变压器为例来分别进行说明：

（1）采用明备用方式运行时，一台变压器作为工作电源，正常时向负荷供电运行；另一台变压器处于热备用状态，不带负荷运行。只有在工作电源失电后，备用变压器才会投入运行。

（2）采用暗备用方式运行时，两台变压器互为备用。当两台变压器均正常运行时，两台变压器独立带各自负荷运行；若其中一台变压器因故障或检修退出运行时；另一台变压器则带全部负荷运行。因此，暗备用方式下的变压器，其容量应按全部负荷进行计算。

当低压厂用备用电源采用专用备用变压器（即明备用方式）时，备用变压器的配置需根据发电厂规模、机组容量以及机组数量等因素来确定。中国的基本设置情况如下：

（1）单机容量为 125MW 级及以下的机组，低压厂用工作变压器的数量在 8 台以上时，可增设第二台低压厂用备用变压器；

（2）单机容量为 200MW 级的机组，每两台机组可合用一台低压厂用备用变压器；

（3）单机容量为 300MW 级及以上的机组,每台机组宜设置一台或多台低压厂用备用变压器。

低压厂用变压器成对设置时,互为备用的负荷应分别由两台变压器供电,且两台变压器之间不应装设自动投入装置。

3. 事故保安电源

事故保安电源是对应保安负荷而提出的。事故保安电源一般有柴油发电机、可靠的外部电源、直流-交流逆变机等,最常用的是柴油发电机,具体见 6.2。

厂用低压交流电源正常工作时,交流保安负荷由低压厂用工作电源供电。当低压厂用工作电源和低压厂用备用电源均失电时,交流保安电源应立即投入供电,能够确保在事故状态下主要设备和人身的安全,使主机安全停机,并在事故消除后又能及时恢复电力生产。

发电厂中 200MW 及以上的机组基本上都设置有事故保安电源,如图 3-6 所示。通常每两台 200MW 机组设置一台柴油发电机,每台 300MW 或 600MW 机组设置一台柴油发电机。而对于小型发电厂,保安负荷的容量较小,若单独配置保安电源会造成成本过高。因此,可采用其他成本更低的方式来实现可靠供电,如盘车电机可由手动盘车设备取代,润滑油泵采用直流电机等。

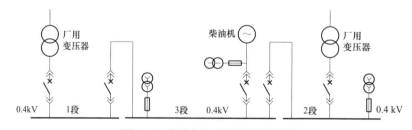

图 3-6 事故保安电源接线示意图

4. 交流不间断电源（UPS）

交流不间断电源是为满足需要连续供电的交流不间断供电负荷提供的一种电源。不间断供电负荷主要包括发电厂的 DCS 装置、微机保护装置、通信装置等。不间断供电负荷在机组停机以及全厂停电等事故状态下很长的一段时间内都需要不间断地运行,为其供电的电源应可靠、优质。而普通的厂用交流电在大容量的辅助设备投入运行、系统发生故障、雷雨天气以及设备损坏等情况发生时，容易出现电源失电、电压陡降、频率波动以及电磁干扰等。因此，为满足交流不间断供电负荷的正常供电需求，发电厂专门配置了交流不间断电源来提供高可靠性、高质量的电能。

对交流不间断电源的基本要求就是保证供电的电能质量和供电的连续性。为实现不间断地提供交流电源，交流不间断电源装置对保证交流电源的输出进行了多重冗余配置。单台 UPS 典型接线如图 3-7 所示，其基本工作原理介绍如下：

（1）由厂用保安段引接过来的交流电源，在系统正常情况下供交流不间断供电负荷。

（2）当交流电源失电或整流器故障时，由直流电经逆变后供电。在发电厂的 UPS，其直流回路一般引接自厂用低压直流系统，仅对远离主厂房的辅助车间或相对独立的计算机监控系统可能会配置独立的蓄电池组。

（3）旁路电源，即不经整流器和逆变器而直接由机组的低压厂用 PC 段供电，在逆变装置故障或检修时切换到该备用电源来供电。不过该回路提供的电能质量较差，一般只作为临时供电电源。

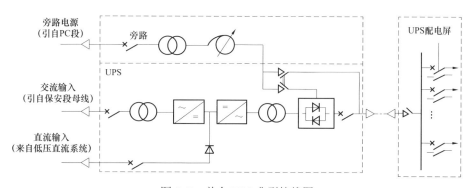

图 3-7　单台 UPS 典型接线图

为了保证交流不间断负荷的供电连续性，要尽量避免切换交流不间断母线段的供电电源。正常情况下，不间断母线段由厂用工作电源（也可来自保安电源）以及具有独立供电能力的蓄电池组来供电，但由于蓄电池提供的直流电压略低于交流整流后的直流电压值，这样在正常情况下的蓄电池组输出回路实际上没有为负荷供电，类似于厂站直流电源系统中蓄电池的浮充电状态（具体参见《发电厂和变电（换流）站直流电源系统可靠性》）。当失去正常交流电源或整流器故障时，不间断地由蓄电池组经逆变器向不间断母线段供电，无需切换。只有在运行中的逆变装置发生故障时才需切换供电电源。

另一方面，为使交流侧间断的供电时间不大于 5ms，会采用静态电子开关作为转换开关切换到旁路电源，实现在 5ms 的时间范围内完成电源切换的要求。厂用交流电中断时，交流不间断电源的满负荷供电时间一般要求不小于 0.5h。

交流不间断电源除了在厂用交流系统失电时为计算机监控系统提供连续的供电外，在正常运行时还具有电源的隔离、稳压和消除浪涌等作用。因此，交流不间断电源对输入的交流电压先经过隔离变压器隔离，再由整流器整流成为直流电压，之后再将直流电压逆变为交流电压，最终通过交流滤波器滤去高次谐波，成为符合要求的交流电源供给负载。

关于交流不间断电源的具体介绍，见 6.3。

3.2.6 低压厂用电交流系统接线

根据选定的厂用电压等级、厂用电源取得方式及厂用电设计原则，下一步可对厂用电接线形式或厂用电负荷的供电方式进行确定。火力发电厂的低压交流负荷种类多、布置范围广，设置每条交流负荷的供电回路时需要综合考虑机组的容量、负荷的重要性、负荷的容量、负荷的数量以及负荷的位置等因素，一般按以下原则进行设计：

（1）在负荷相对集中的场所，如中控室、空气压缩机室、水泵室、绝缘油处理室、升压站等采用双层辐射式供电，设置动力配电柜，由配电主柜向动力配电柜供电，再由动力配电柜向各负荷供电。双层辐射式供电方式使各用电负荷的电源操作灵活方便，大大减少了电缆的敷设和用量，使得接线简单、清晰。

（2）为保证机组的安全运行，对供给机组自用电的机旁动力配电柜、水泵室动力配电柜、空气压缩机室动力配电柜等均采用双回路供电，每条供电回路分别接至不同的厂用电母线段。

（3）对供电要求较高的其他负荷，如主厂房排风动力配电柜、中控室动力配电柜、升压站动力配电柜等负荷，也会采用双回路供电并分别接至不同的厂用电母线段。

（4）照明负荷会设置专用的工作照明配电柜和事故照明配电柜，正常时由厂用电系统向布置在各工作场所的照明配电箱供电，事故情况下由交直流自动切换装置自动切换至直流系统供电。

（5）为了使各电源供电运行平衡，各设备保持良好的工作状态，母线上连接的负荷分布应尽量均匀。

在保证上述原则的基础上，厂用电的接线形式需要既可靠又有一定的灵活性。因此，对某个具体的发电厂而言，其低压厂用电接线会根据负荷的不同而适当调整。以下就火力发电厂比较常用的几种典型接线方案进行介绍。

1. 典型接线方案

随着工业领域中新设备的研发、设备制造技术水平的提高，厂用低压交流系统中设备的造价逐步降低，而设备的质量、种类和功能都有了不小的提升和发展。以往由于低价格、低性能设备而需要复杂的接线来保证供电可靠性的接线方式，已逐步被"动力中心—电动机控制中心"（power central-motor control central，PC-MCC）接线方式所取代。PC-MCC 接线的特点是使用简单的接线，以可靠的设备来保证供电的可靠性。

（1）PC 单母线分段、明备用接线。如图 3-8 所示的厂用低压交流系统，采用 PC-MCC 接线，其中 PC 为单母线分段。PC 母线的每个分段配置两个电源：1 号和 3 号低压厂用变压器。其中 1 号低压厂用变压器为该 PC 母线的工作电源，3 号低压厂用变压器为该 PC 的明备用电源。

电动机控制中心（MCC）一般设置在负荷中心，根据所接负荷的需求，可为 MCC 段配置电源单输入回路或电源双输入回路。大型机组的 MCC 电源既可分别来自两个不同的 PC 母线，也可从同一个 PC 母线的两个不同半段上引接，如图 3-9 所示，这样就可以进一步提高 MCC 的供电可靠性。互为备用的负荷分别接于 MCC 段上，可以避免两台设备同时失电。

这种接线方式常见于 125～300MW 机组容量的火力发电厂。

（2）PC 单母线不分段、明备用接线。如图 3-10 所示的低压厂用电系统，采用 PC-MCC 接线，其中每套 PC 为单母线且不分段，并配置两个电源：1 号和 2 号低压厂用变压器。其中 1 号低压厂用变压器为该 PC 母线的工作电源，

27

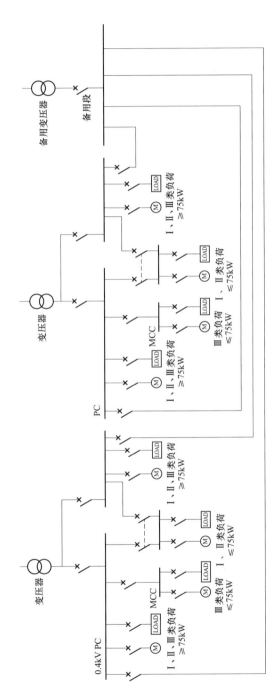

图 3-8 PC 单母分段和明备用接线方案示意图

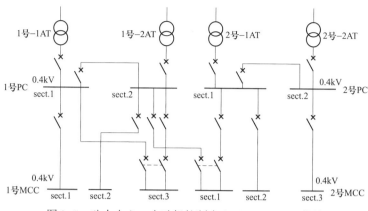

图 3-9　动力中心—电动机控制中心（PC–MCC）接线

2 号低压厂用变压器为该 PC 的明备用电源。电动机控制中心（MCC）一般设置在负荷中心，根据所接负荷的需求，可为 MCC 配置单输入回路或双输入回路。

这种接线方式简单、经济，常见于小型火力发电厂，如 50MW 机组容量的发电厂。

（3）PC 单母线、暗备用接线。如图 3–11 所示的低压厂用电系统，采用 PC–MCC 接线，其中 PC 为单母线且不分段。以 1 号 PC 母线为例，其配置两个电源：1 号和 2 号低压厂用变压器。其中 1 号低压厂用变压器为其的工作电源，2 号低压厂用变压器为其暗备用电源。正常运行时，1、2 号低压厂用变压器之间的联络开关处于分段状态，当失去其中一个电源时，联络开关可手动或自动投入，剩下的电源同时供两个 PC 所带的负荷。

采用暗备用接线方式时，其 PC 也可以分段，具体与上述的明备用接线方式类似，不再赘述。

2. Ⅰ、Ⅱ、Ⅲ类负荷的供电

（1）Ⅰ类负荷的供电。在设计上，对于Ⅰ类负荷，可以通过提高供电电源的可靠性和配置机械冗余这两种途径来提高其运行的可靠性，从而避免因Ⅰ类负荷故障而影响整个发电厂运行。

根据 IEEE 相关文献的统计表明，低压电缆的故障率要低于开关类设备的故障率。对于负荷而言，直接引接到 PC 段比接到 MCC 段受电的保护层级要少，因此Ⅰ类负荷一般都由 PC 段供电，确保其电源的可靠性。不过，有些小容量（一般小于 5.5kW）、有机械备用配置的Ⅰ类电动机，也可以由

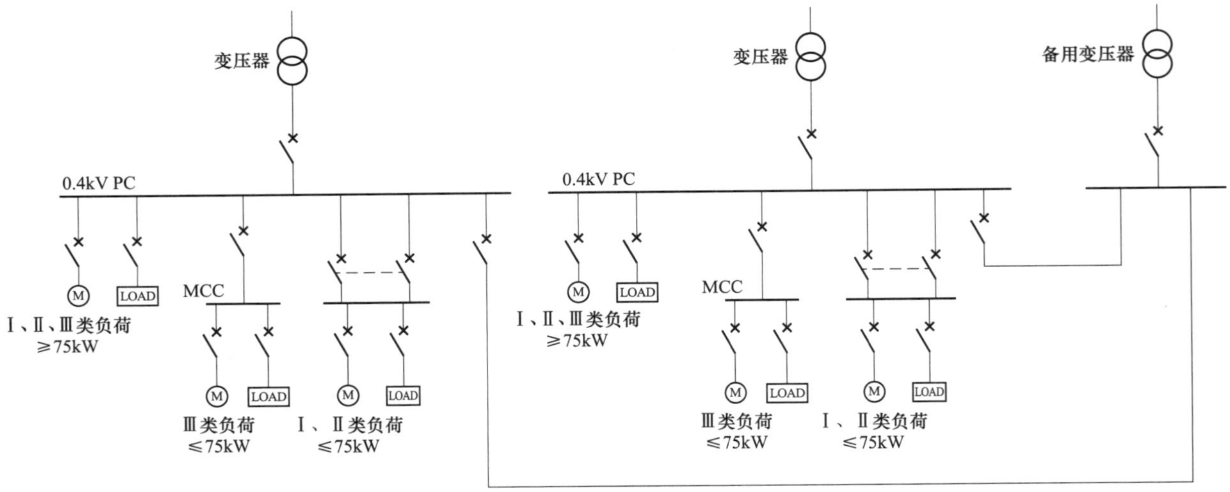

图 3-10 PC 单母不分段和明备用接线方案示意图

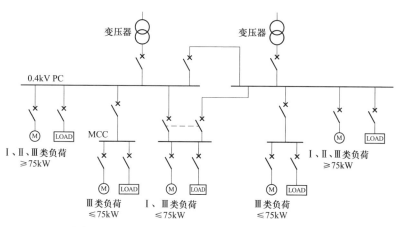

图 3-11　PC 单母不分段和暗备用接线方案示意图

MCC 的不同段来供电。

　　对大机组的 I 类负荷（即重要辅机），一般都设有备用机械。该负荷的工作和备用设备接在不同的 PC 段上，当工作设备故障时，备用设备如冷水泵和循环水泵等将自动投入运行。对于没有机械备用的 I 类负荷，如变压器的强油循环泵，为确保其可靠运行可由双电源供电的 MCC 段来供电，双电源需要来自不同的 PC 段并且能够自动投切。不过，在实际的应用中也需要结合负荷的特点进行综合考虑，如给粉电动机（其是直接影响锅炉运行的相当重要的 I 类负荷）采用动力中心—设置配电箱分组供电的方式，这是因为给粉电动机具有容量小且数量多的特点，一个 125MW 及以上机组容量的发电厂一般有几十台 2.2kW 的给粉电动机。

　　（2）II 类负荷的供电。容量为 75kW 及以上的 II 类负荷，一般也直接由 PC 供电；容量小于 75kW 的 II 类负荷，可由 MCC 段供电。II 类负荷比 I 类负荷能承受更长的失电时间，也通常配置备用机械，而备用机械的投入一般通过手动投入，对 II 类负荷供电的备用电源也不需要自动投入。

　　（3）III 类负荷的供电。工程中，容量为 75kW 及以上的 III 类负荷直接由 PC 供电，容量小于 75kW 的 III 类负荷由 MCC 段供电。III 类负荷对供电电源的可靠性要求相对较低，通常采用单电源供电就可以满足 III 类负荷的需求。虽然根据实际需求也有配置备用电源的，但一般情况下 III 负荷不需要再配置备用设备。

综上所述，采用 PC-MCC 接线的低压交流电源系统，个别 PC 段可能会同时供给Ⅰ、Ⅱ类和Ⅲ类负荷，这就需要特别注意该段上的开关类设备保证适当的级差配合，避免因Ⅱ类或Ⅲ类设备或其回路故障的扩大而影响Ⅰ类设备的正常运行。

3. 保安负荷的供电

保安负荷经保安母线段来获得电能，而保安母线一般由柴油发电机等事故保安电源来供电。保安母线一般采用单母线接线方式，按发电机组分段分别供给本机组的交流保安负荷，如图 3-12 所示。若发电厂有两台 600MW 的发电机组，则每台发电机组配置一台柴油发电机。每台发电机组的保安母线根据其保安负荷的不同性质，又分别设置了锅炉保安段、汽轮机保安段、脱硫保安段。每个保安母线段引接有三路电源，以 1 号机组的锅炉保安段为例：引接自锅炉 1 号 A PC 母线段、锅炉 1 号 B PC 母线段和 1 号柴油发电机，正常时由锅炉 1 号 A PC 母线段供电；当其失电时，则锅炉 1 号 B PC 母线段投入（明备用则自动投入，暗备用则手动投入）；若锅炉 1 号 B PC 母线段投入失败，则认为 1 号机组的厂用电失电，柴油发电机组投入运行。需要注意的是，必须在确认本机组的厂用电源失去的情况下，才能启动柴油发电机组。

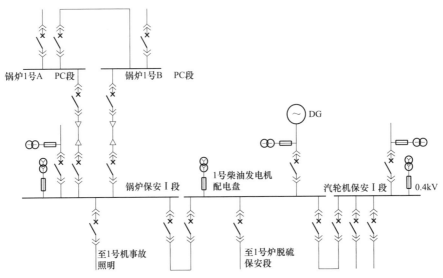

图 3-12　按机组分段分别供给本机组的交流保安负荷

目前，随着发电机容量的增大，一些与保证发电机安全停机无直接关系的设备也由保安母线供电，如电梯和蓄电池充电装置等。这些设备对保证重要辅机安全运行和发电机组正常停机有很大的益处，如充电装置接入保安电源后，可使蓄电池负担的最大事故负荷持续时间大大减少；而电梯接入保安电源，可缩短运行人员处理事故的时间等。

一般保安负荷的投入是分批的，如分三批加载，每次加载的负荷分别是 50%、30%、20%。这是因为各保安负荷在事故停机时发挥的作用不同，需要启动以及启动后运行的时间也各异。如盘车装置是在机组转速降到一定值时投入；200MW 机组约在 20min 时投入，使得发电机转子保持恒定转速的转动，直至逐渐冷却以避免发电机转子的大轴弯曲。

4. 交流不间断供电负荷的供电

发电厂中交流不间断供电负荷主要是计算机类负荷。随着技术的发展，火力发电厂的自动化水平较高，一般采用计算机监控电厂的生产过程。因此，发电厂中的交流不间断供电负荷的供电以及 UPS 的配置，需要综合考虑机组的监控方式、负荷容量及负荷布置方式等。

为了保证计算机监控系统的独立性，UPS 配置应与对应的监控系统相匹配。发电厂若为每台机组配置独立的监控系统（即单元控制方式），当单机容量在 600MW 及以下时，每台机组一般配置一套 UPS 为本机组的交流不间断负荷供电，但若控制系统需要两路互为备用不间断电源时，每台机组就至少需配置两套 UPS；单机容量为 1000MW 及以上时，考虑到机组的重要性，每台发电机组至少配置两套 UPS。发电厂中，两台及以上机组共用一套控制系统时（即非单元控制方式），若发电机组总容量在 100MW 及以上，则需要至少配置两套 UPS 系统。

采用单元控制方式的火力发电厂，对于 DCS 公用部分、ECMS 公用部分以及 NCS 操作员站等主厂房公用控制系统的不间断负荷，可以由厂中不同机组的 UPS 系统来供电，也可以设置全厂公用 UPS 系统供电。

发电厂采用单元控制方式，为每台机组配置了一套 UPS 系统。发电机组的交流不间断供电负荷引接至本机组的 UPS 系统来供电。UPS 系统的配电母线一般采用单母线或单母线分段的接线方式。

关于 UPS 系统的具体描述见 6.3。

5. 照明网络和检修网络

（1）照明网络。火力发电厂中的照明分为正常照明和事故照明。事故照明负荷需要在发电厂全厂停电等事故情况下一段较长的时间内仍然运行，其供电方式显著区别于正常照明，具体的事故照明方案可参见 3.4 所述。正常的照明负荷，其供电形式与厂用电的中性点接地方式和机组容量等因素有关。

一般 200MW 及以上的大型机组，为了提高照明系统的质量，会设立二次侧为 400V/230V 中性点直接接地的照明变压器，以供机组的正常照明负荷。另外，若发电厂采用了中性点非直接接地的低压厂用电系统，由于照明负荷多为单相负荷，则需要将照明供电网络独立出来。

照明变压器一般配置在主厂房区域，由于线路压降和布线的限制，设定了一定的供电范围，主要实现对主厂房内及附近的照明负荷供电，但不能引接到距离较远的辅助车间。辅助车间内的照明设施，需要从就近的厂用电源引接。

（2）检修网络。火力发电厂设备多，维护检修的工作量大，对应的检修负荷也就随之增多。定期、不定期的维护检修，对火力发电厂的长期、安全、可靠运行至关重要，所以火力发电厂都设有固定的低压检修供电网络，以供电动工具、试验设备等使用。检修供电网络大多采用单电源分组供电，在检修现场和厂内主要场所均装设有检修电源箱。检修电源箱在主厂房内时，从对应的动力中心（PC）引接，对于主厂房之外的检修电源箱，则从附近的配电柜（MCC）引接。

由于受检修设备或设施使用方式和环境的影响，检修供电网络的可靠性一般不高，经常会因工器具等发生故障而使电源跳闸，所以在大型机组（如 300MW）的主厂房及有重要负荷的车间内设有独立的检修供电网络，以免在设备检修时因出现检修供电网络故障而影响其他正在运行的负荷。

3.3 水力发电厂用低压交流电源系统的设计

与 3.2 类似，本节介绍了水力发电厂低压交流配电系统的构成、负荷分析、电源配置、接地方案和接线方式。根据负荷对供电可靠性的不同要求，有针对性地为其配置合理的电源数量、适当的接线回路和控制方式，并对不同的供电方案进行比较，为具有不同需求的水力发电厂提供性价比高、可靠性好的厂用低压交流系统方案。

3.3.1 水力发电厂用低压交流系统简介

水力发电厂，又称水电站，是把水的势能和动能转换为电能的发电厂。如图 3-13 所示，其基本生产过程是：从河流较高处或水库内引水，利用水的压力或流速冲动水轮机旋转，将水能转变成机械能，然后由水轮机带动发电机旋转，将机械能转换成电能。

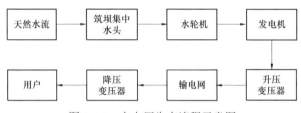

图 3-13　水电厂生产流程示意图

从水力发电生产过程看，水力发电厂可以分为挡水系统、输水系统、水轮机-发电机系统、变电站等部分。为了保证各个系统能正常工作，需要有大量的辅助设备，如进水阀油压装置油泵、机组轴承冷却水泵、顶盖排水泵、主变压器冷却循环油泵及冷却风扇、厂房渗漏排水泵、油压装置空气压缩机、起重机、通风机、断路器操动机构等，如图 3-14 所示，这些辅助设备的供电来自厂用低压交流系统。

水力发电厂的厂用交流系统的总体设计，首先应根据电厂规模、负荷性质及枢纽区范围，确定供电电压等级是采用一级电压供电还是采用两级电压供电；然后，再根据负荷的分布区域和功能，设置低压配电子系统。应该注意的是，水力发电厂的重要性不仅与自身规模有关系，还与其在所处电力系统中的地位有直接关系。

水力发电厂的厂用交流系统按总体枢纽布置格局总体上可分为厂区供电和坝区供电两部分。根据电厂装机容量大小、枢纽布置、厂用电负荷容量及分布区域的不同，厂用电系统的设计也有较大的不同。大型电厂由于

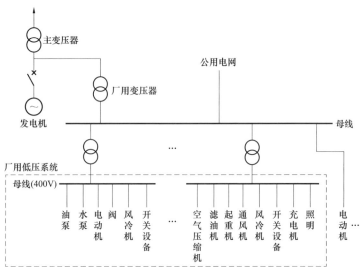

图 3-14　水力发电厂用低压交流系统示意图

厂用电负荷容量大、分布区域广，受 400V 供电系统的供电范围、输送容量和经济性方面的限制，通常厂用交流系统分两级电压 10kV（6kV）和 400V 供电；中、小型电厂的厂用电负荷容量较小，负荷区域（厂房）也较小，因此厂用交流系统一般采用 400V 一级电压供电。坝区供电则通常根据其距离厂区的远近，考虑从厂区取得电源或从坝区附近的电网取得地方电源。以上为一般情况，特殊时还需根据电厂的具体情况考虑。

除冲击式水轮发电机组发电厂房外，通常水力发电厂为满足全厂失去电源情况下厂房渗漏排水负荷、坝区泄洪及大坝渗漏排水负荷供电的需要，均配置了合适容量的柴油发电机组作为事故情况下的保安电源，以确保重要水工建筑物、重要机电设备和运行人员的安全。柴油机组一般布置在地面，对于地下厂房，则通过电缆引接事故保安负荷。

以下将从负荷分类、电源配置、低压接线网络等方面，对水力发电厂厂用低压交流系统的设计进行介绍。

3.3.2　低压厂用电负荷分类

水力发电和火力发电是两种不同的电力能源获取方式。机组容量相同时，水力发电厂比火力发电厂的机组停机和启动过程要简单、工序更少、所需时间更短。正常运行过程，水轮机组所需的辅助设备也更少，不像火电厂（若采用燃煤锅炉）需要磨煤系统、输煤系统以及脱硫系统等一系列的辅助设备。因此，水力发电厂用低压交流辅助设备也相对要少。

在 3.2 中从电压等级、电源种类和负荷的工艺系统对火力发电厂的低压负荷进行了分类，水力发电厂的分类方法和原则与其类似，在此不再赘述。不同的是，在 3.2.4 中按负荷重要性分类将低压交流负荷分为Ⅰ类负荷、Ⅱ类负荷、Ⅲ类负荷、事故保安负荷和交流不间断负荷，水力发电厂的低压交流负荷也可如此分类，但由于水力发电厂的低压交流负荷要相对较少，在工程应用中工程师不再像火力发电厂那样对低压负荷分类如此细致，而是简单分为Ⅰ类负荷、Ⅱ类负荷和Ⅲ类负荷，将交流不间断负荷和保安负荷统归为Ⅰ类负荷。因此，水力发电厂的负荷分类原则如下：

（1）Ⅰ类负荷。此类负荷停止供电，将使水力发电厂不能正常运行或停止运行，需要保证其供电的可靠性，允许中断供电的时间根据负荷情况可为自动或人工切换电源的时间。大多数机组自用电是此类负荷，如机组压油装置泵、轴承冷却水循环泵、轴承润滑系统用泵、水内冷机组冷却水泵、水内冷循环水泵、主变压器冷却风机和机组起励电源等；此外全厂公用电中的一些重要负荷也是Ⅰ类负荷，如消防用水泵、调相用空气压缩机、消防电梯、充电装置、电子计算机、断路器操动机构、事故照明、坝上泄洪闸门启闭机（有些工程中是Ⅱ类负荷）等。

（2）Ⅱ类负荷。此类负荷短时停止供电，不会影响水力发电厂正常运行，需要尽量保证其供电可靠性，允许中断供电的时间为人工切换操作或紧急修复的时间。如机组漏油泵、机组检修排水泵、电器制动电源、主厂房通风机、大坝闸门启闭机等。

（3）Ⅲ类负荷。此类负荷允许较长时间停电而不会影响水力发电厂正常运行。如生活用水泵、检修试验负荷、油系统中的绝缘油库油泵和离心滤油泵等。

3.3.3 厂用电的系统电压等级

在中小型水力发电厂中，厂区范围不大，辅助设备的电动机容量也不大，低压电动机就可满足要求，厂用电可只配置 400V 一级电压。但对于大型水力发电厂，由于厂区范围大，输电距离远，负荷容量较大，以 400V 电压直接供电存在困难，如线路压降大使得负荷端电压不满足要求或电动机容量过大等，这时可采用高、低压两级电压供电。是否采用两级电压供电，因与诸多因素有关，因此在工程中还需要根据具体情况经过技术经济比较来确定。

水力发电厂高压厂用电电压等级有 35、10、6kV，除某些具有 35kV 送电电压等级的水力发电厂选用 35kV 作为高压厂用电外，一般选用 10kV 和 6kV 作为高压厂用电。因为这两个电压等级已能满足厂区供电距离和容量要求，且对绝缘水平的要求更低、更经济。

3.3.4　低压交流电源的配置

水力发电厂低压交流电源系统的电源配置与火力发电厂类似，也可分为工作电源、备用电源、保安电源和交流不间断电源。由于有不少水力发电厂采用 400V 一级厂用电压等级的系统，因此低压厂用变压器直接引接自发电机组而不从高压厂用变压器的低压侧引接。至于低压厂用变压器如何从发电机组引接，要根据发电机-变压器的组合方式、发电机-断路器的配置等因素来决定。以下将从多个方面来对厂用低压交流电源的配置情况进行介绍。

1. 工作电源

根据调查，绝大部分水力发电厂的厂用电是由发电机电压母线或单元分支线来供电的。这种供电方式成为水力发电厂的首选，是因为发电机电压母线或单元分支线提供的厂用电一般比较经济、可靠，并且还可通过变压器倒送自电网取得的电源。根据发电机-变压器的不同组合方式，厂用电的引接点也略有不同，具体如下。

（1）发电机-变压器单元接线组合方式。当水力发电厂采用发电机-变压器单元接线组合方式时，厂用电低压工作电源可以从主变压器的低压侧引接，如图 3-15 所示。不过发电机-变压器单元接线方式主要应用在大型火力发电机

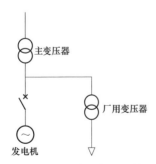

图 3-15　发电机-变压器单元接线组合方式

组中，而大型水力发电机组的厂用电多数情况下是两级电压系统供电，如图 3-16 所示，即对于采用单元接线方式的大型水力发电机组的低压厂用电工作电源是从高压厂用变压器的低压侧引接的。

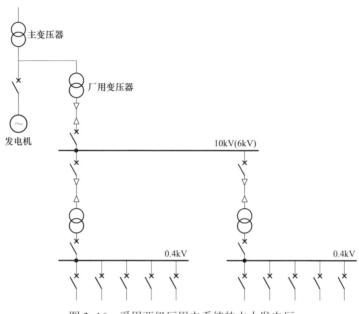

图 3-16 采用两级厂用电系统的水力发电厂

（2）发电机-变压器扩大单元接线组合方式。相比单元接线组合方式，发电机-变压器扩大单元接线组合方式，因减少了变压器及高压侧断路器的台数以及配电装置的间隔数，使得投资与占地面积相应地减少，在土地面积紧张的水力发电厂中得到了较广泛的应用。

当水力发电厂采用发电机-变压器扩大单元接线组合方式时，厂用电工作电源可从扩大单元的发电机电压母线引接，如图 3-17（a）所示。这种接线方式多见于中、小型水力发电厂。一个水力发电厂可能会有多个扩大单元组，并不一定每组扩大单元都需要引接一个低压厂用变压器，具体引接几个厂用工作电源，需要根据具体工程来确定，如一个水力发电厂有 5 组扩大单元，可能只需从其中的 3 组扩大单元发电机电压母线引接 3 个工作电源。但为了保证厂用电电源的可靠性，一般在水力发电厂有 2～3 组扩大单元时，至少会引接 2 个工作电源；在有 4 组以上的扩大单元时，至少会引接 3 个工作电源。

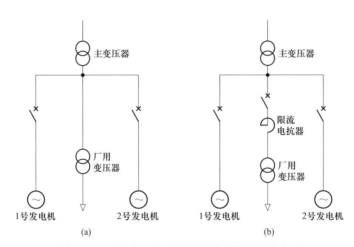

图 3-17　发电机–变压器扩大单元接线组合方式
（a）不带限流电抗器的厂用变压器接线；（b）带限流电抗器的厂用变压器接线

　　图 3-17（b）所示的发电机–变压器扩大单元接线，在发电机的电压母线和厂用变压器之间增加了断路器和限流电抗器。断路器的配置可为厂用电的运行方式提供更多的灵活性。而限流电抗器的应用可限制回路的短路电流，使得无须配置很大短路电流开断能力的断路器，具有更好的经济性。这种接线方式多见于一些小型水力发电厂。

　　需要注意的是，当发电机安装有发电机出口断路器时，厂用变压器一般会选择安装在发电机出口断路器与主变压器低压侧之间，如图 3-17 和图 3-18 所示。这样安装的好处是，当在厂用变压器或厂用电回路发生短路故障时，发电机输出的短路电流和主变压器倒送回来的短路电流可以被发电机出口断路器和主变压器高压侧断路器切除，有利于短路故障的快速切除。在抽水蓄能电厂，若发电机电压母线配置了倒相开关，则厂用变压器要引接在倒相开关和主变压器低压侧之间，来保证厂用电相位无论是由发电机供电还是由主变压器倒送电都不发生变化。

　　（3）发电机–变压器联合单元接线组合方式。对于单机容量较大、机组台数又较多的水力发电厂，扩大单元的应用将受到主变压器容量以及发电机断路器短路开断能力的限制，此时可采用发电机–变压器联合单元接线，即将两组"发电机-变压器"单元在变压器高压侧组合，如图 3-18 所示。相比扩大单元接线，联合单元方式除投资略贵外，其余特性均优，可靠性相对较高，运行灵活性也较好，中国的三峡水电站就是采用此种接线方式。

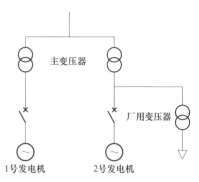

图 3-18 发电机-变压器联合单元
接线组合方式

对于采用联合单元接线的水力发电厂，若采用一级厂用电系统，则低压厂用电的引接一般有三种途径：

1）在联合单元的任一台变压器低压侧引接一台厂用变压器；

2）在联合单元的两台变压器低压侧分别各引接一台厂用变压器；

3）从联合单元的两台变压器低压侧合并引接一台厂用变压器。

虽然以上三种引接方式在工程中都有应用，且良好运行多年，但应用更广泛的是第一种接线方法，因为其接线最简单。

与单元接线类似，对于两级厂用电系统，高压厂用变压器的引接方式与一级厂用电系统中的低压厂用变压器相同，低压厂用变压器是由高压厂用变压器的低压侧引接的。

（4）其他。除了以上这几种厂用电的工作电源引接方式外，在个别情况下，水力发电厂会设置专用水轮发电机组为厂用电供电。但是这种方式的投资大，需要的检修工作量多、效率低且发电厂布置复杂，在经济技术论证后确实需要的情况下才会应用。

对于抽水蓄能电厂，也可采用系统倒送电作为厂用电的工作电源。因为抽水蓄能水电厂中的发电机组有两种工况，即作发电机或作电动机。当发电机组作为电动机运行时，不能为厂用电提供工作电源，此时厂用电的工作电源来自系统倒送电。

2. 备用电源

水力发电厂厂用电工作电源引自主变压器低压侧的发电机电压母线或单元分支线，当机组运行时，可以用机组提供的电源；当机组停机时，则从系统经主变压器倒送电源，工作电源可靠性较高。但对于大中型水力发

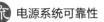

电厂，为了提高厂用电的可靠性和供电的连续性，一般还需要配置备用电源，即从水力发电厂外取得的外来厂用电源。根据水力发电厂设计和运行的实践经验，外来电源主要有以下几种：

（1）从地区电网或保留的施工变电站（由地区电网供电），引接 10kV 或 35kV 供电线。水力发电厂施工时，一般都有由地区电网供电的施工变电站，此变电站主要作为临时施工用，但设计标准是按永久用途来设计建设的，以便水电厂建成后，可以通过此变电站供给水力发电厂近区用电，简化水力发电厂接线，还可作为厂用电的外来电源。在许多情况下，这是一种较为有利的取得厂用电外来电源的方案。

（2）从临近水力发电厂引接。

（3）从水力发电厂的升高电压侧母线引接（主要用于高压母线，电压等级为 110kV 及以下）。对于中小容量机组，这种外来电源引接方式往往投资较贵。但随着大容量机组的出现，这种方式经技术经济比较，在高压母线电压等级为 110kV 及以下的水力发电厂已有应用。采用单元接线方式的水力发电厂，由于单机容量大而使得发电机断路器昂贵而不装设时，机组停电时不能经主变压器倒送供厂用电，为从系统取得厂用电源，采用从高压母线上引接的方式。相比从主变压器低压侧引接（若主变压器和发电机之间配置发电机断路器的情况下）的方式，从主变压器的高电压侧母线引接备用电源时，厂用电经系统倒送时可免去主变压器空载运行的电能损耗。

（4）柴油发电机作为厂用电备用电源。柴油发电机组作为备用电源，增加投资且存在维护工作量大等问题，一般应用较少。不过，部分中小型水力发电厂所处位置地区供电系统不稳定，或距离电厂较远，增加架设线路造价较高，因此采用不引接地区电源方式，在电厂设置柴油发电机组作为备用电源。

（5）从水电厂高压联络（自耦）变压器第三绕组引接。

3. 保安电源

水力发电厂的保安电源主要是在汛期或水淹厂房等事故情况下为了确保人身和设备安全而配置的。因此保安电源一般在以下情况下配置：一是重要泄洪设施无法以手动方式开启闸门泄洪的水力发电厂；二是水淹厂房时可能存在危及人身和设备安全等情况的水力发电厂。保安电源主要供给的负荷包括有重要泄洪设施用电负荷（可按逐台开启统计负荷）；厂房渗漏排水用电负荷（可按逐台启动统计负荷）；消防水泵、应急照明、疏散指示灯和消防排烟等消防用电负荷。

一般采用柴油发电机组作为厂房及坝区的事故保安电源。通常根据负荷情况和枢纽布置，考虑采用集中设置 1 台高压柴油发电机组供电的方式，或分别设置多台容量较小的柴油发电机组供电的方式。考虑到大容量低压柴油发电机组需要引出多根电缆，接线不是很方便，目前一般以 800kW（具体值根据工程实际情况可能有变化）常用容量为界，800kW 以下的一般采用 400V，800kW 以上的一般采用 10kV。

由于抗震防洪的需要，在坝区配电室附近应设置事故保安电源（柴油发电机组）。为保证事故保安电源（柴油发电机组）在特殊状况（如地震）时能够正常发挥作用，事故保安电源通常尽量靠近配电系统布置，以避免事故保安电源至配电系统的电缆由于道路中断而不能正常投入运行。

此外，水轮发电机组有时也被用作保安电源。虽然柴油发电机组是水力发电厂配置保安电源的首选，但有些电厂经多年的运行，发现柴油发电机组配套附属设备的故障率较高，增加维护工作量，而选择专设水轮发电机组。厂用电专设小水轮发电机组的方案在运行中不受外部系统的影响，但需要注意的是，这种方案使厂房布置复杂，检修维护工作量也不小，且旋转电机的可靠性不如变压器这类的静止电器。因此，在选用小水轮发电机组作为保安电源时也要慎重。

4. 交流不间断电源（UPS）

水力发电厂内一般还设置有交流不间断电源（UPS）。厂内 UPS 的主要负荷包括计算机监控系统的上位机设备、调度通信相关设备、火灾报警主机、事故照明等重要生产设备。UPS 有交流和直流两路电源输入，还设置有旁路检修电源。当交流输入电源正常时，交流输入电源经整流器由交流变成直流，再经逆变器由直流变成交流输出到负载；当交流输入电源故障时，UPS 电源切换到由蓄电池组经逆变器供电，当交流输入电源恢复正常时，UPS 自动由蓄电池组切换回交流输入供电；当 UPS 电源过载、逆变器故障、交直流电源输入回路同时故障时，通过 UPS 电源旁路静态切换开关自动切换至交流旁路输入电源供电，当故障恢复后，UPS 自动切换至逆变输出供电。

3.3.5 系统接地方式

水力发电厂低压交流系统接地方式的设计要求与火力发电厂基本一致，具体内容参见 3.2.3。

在中国的水力发电厂低压交流配电系统中，其系统基本采用 TN–C–S 或 TN–S 两种接地方式。随着系统单相短路电流的不断增大，要求电厂接地电阻值不断减小，为有效减小接地电阻值，接地网的敷设面积会尽量加大，因此水力发电厂的接地网基本覆盖了水力发电厂内所有电气设备布置和人员能够达到的区域。电源的中性点接地位置和负荷的外壳接地接于同一接地系统中。

3.3.6 厂用低压配电网络

水力发电厂用低压配电网络主要采用双层辐射式供电，即主配电柜以辐射式供电给分配电柜，分配电柜再以辐射式供电给负荷。这种接线方式大大减少了电缆的敷设和用量。

1. 辐射状配电网络

在水力发电厂，从厂用低压交流电源到低压负荷的配电网络一般是由主配电柜、分配电柜、线缆以及保护设备组成的双层辐射状配电网，如图 3–19 所示。主配电柜以辐射方式向分配电柜供电；分配电柜再以辐射方式向负荷供电，分配电柜一般安装在负荷中心，以此减少供电距离及电缆的数量。不过，有些情况下负荷也可直接由主配电柜供电，如负荷靠近主配电柜或负荷容量较大，从主配电柜直接引更经济；或者从可靠性考虑，需从主配电柜直接引接的负荷。对于只有两三台小容量发电机组的小型水力发电厂，低压辅助设备少，厂区范围小，低压厂用电配电网络接线简单，因而设立分配电柜所节约的电缆有限，其经济性反而不高，因此可采用单层辐射状配电网，即低压交流电源可经主配电柜直接供给低压负荷。需要注意的是，无论是单层辐射供电还是双层辐射供电，重要负荷的供电回路都应尽可能短，以减少回路接地故障的发生。

低压辐射状配电网络中的母线一般采用单母线分段供电方式，若母线由单电源供电也可采用单母线，这样接线简单、清晰且更经济。据调查，环状配电网络由于其接线、保护配置的复杂性，已很少使用，仅在常有很多台小容量的负荷时，才在局部范围内使用。

2. Ⅰ类负荷的配电

Ⅰ类负荷对电源供电的可靠性要求高，一般需要有两个电源，采用单母线或单母线分段供电，如图3-20所示。为了确保水电机组的可靠运行，水力发电厂中的Ⅰ类负荷如机组压油装置泵，在机械上可能有两套，互为备用。在这种情况下，这两套设备将由两个主配电柜或分配电柜分别供电。两个配电柜之间一般设置联络电器，以方便通过自动或手动操作切

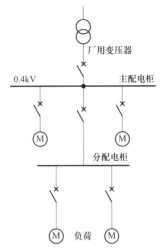

图3-19 双层辐射状配电网示意图

换，使两个配电柜互为备用。正常运行时，联络电器断开，这样系统的保护逻辑更清晰，低压保护设备的级差配合也更易实现。当其中一个配电柜失去电源时，联络开关闭合，将两个配电柜并列，恢复对Ⅰ类负荷的供电。

但有些水力发电厂受客观条件限制，如供电距离偏远、供电条件差，在这种情况下机械备用的两个Ⅰ类负荷不具备分别由不同配电柜供电时，则至少需要保证该配电柜由两个互为备用的电源供电。

当Ⅰ类负荷没有配置机械备用时，如主变压器冷却风机，为确保其供电的可靠性，该负荷需要从双电源供电的配电柜引接，供电方式如图3-21所示。

3. Ⅱ类负荷的配电

Ⅱ类负荷与Ⅰ类负荷不同，一般不设机械备用，且单电源供电就可以满足要求，其接线如图3-22所示。但对于某些对可靠性有更高要求的Ⅱ类负荷，如通风、动力箱柜等也可由双电源供电。

对于某些Ⅱ类负荷，如大坝闸门启闭机，考虑到其布置分散、不同时运行且容量不大，可数台启闭机共用一个回路供电，节省电缆。但为了提

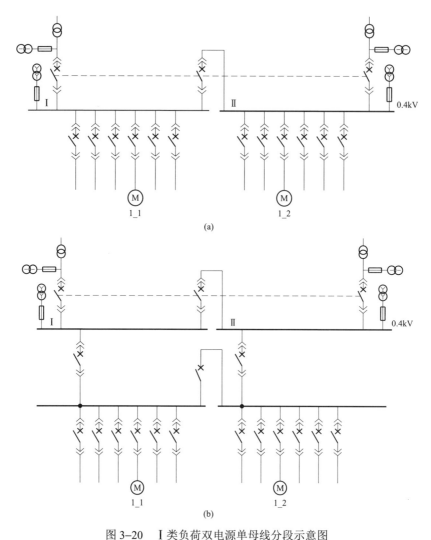

图 3-20 I 类负荷双电源单母线分段示意图

（a）互为备用的 I 类负荷由主配电柜供电；（b）互为备用的 I 类负荷由分配电柜供电

高闸门的供电可靠性，可采用环状供电方式，使其有两个电源。

4. Ⅲ类负荷的配电

对于Ⅲ类负荷，如检修试验负荷等，采用单电源单回路供电就可满足可靠性要求。对于某些容量小、台数众多的Ⅲ类负荷，为了节省电缆降低工程造价可采用图 3-23 所示的设计方案。该方案中，配电柜主母线由两路电源供电，一回输出线路供几台串联起来的Ⅲ类负荷。

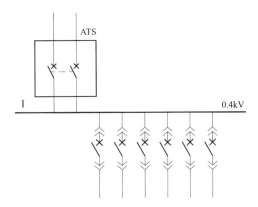

图 3-21　Ⅰ类负荷双电源单母线示意图

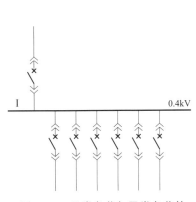

图 3-22　Ⅱ类负荷与Ⅲ类负荷的
单电源供电示意图

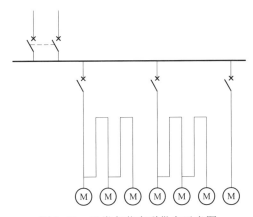

图 3-23　Ⅲ类负荷串联供电示意图

5. 事故保安母线

当有条件将事故保安负荷集中在一段母线上供电时，也可设置事故保安母线，如图 3-24 所示。通常将柴油发电机组直接接在事故保安母线上。

6. 事故照明的供电

事故照明是在发电厂出现故障，失去厂用电的情况下，为事故处理和安全停机而继续提供的照明。事故照明供电方案一般有以下两种：

（1）正常运行时，事故照明负荷的电源取自厂用电的工作母线，如图 3-25 所示。故障状态下，工作母线失电，则通过低压直流系统的蓄电池组逆变或由保安电源供电。

47

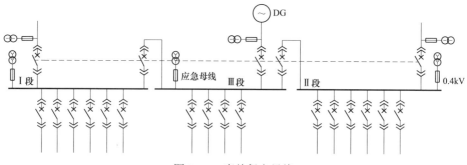

图 3-24　事故保安母线

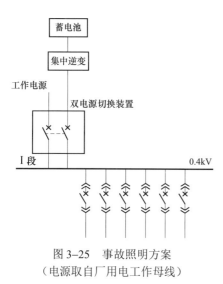

图 3-25　事故照明方案
（电源取自厂用电工作母线）

（2）事故照明通过事故照明电源系统（EPS）供电，如图 3-26 所示。

这两种供电方案的区别是，方案（1）在失去工作电源后，电源由厂用直流系统的蓄电池集中逆变来提供，经逆变后该电源回路是 3 个同相位的 220V 回路，因此在使用备自设置时应注意备用电源回路的电压检测装置，应检测相电压而不是线电压；方案（2）的工作电源接入 EPS 系统，正常运行时通过工作电源供电，事故状态下通过 EPS 自带的蓄电池逆变后来供电，电源的切换在 EPS 装置内部完成，EPS 装置引接一回三相 400V

电源至事故照明箱柜。

7. 检修供电

检修电源主要是为水力发电厂定期检修（如季度检修、年度检修等）和不定期检修（如事故检修、缺陷处理等）提供电源。水力发电厂的安装场、发电机层、水轮机层、主变压器场、开关站、尾水平台以及大坝等场所，一般都需要配置检修电源。

检修负荷的容量及检修电源回路数与水力发电厂的规模、机组形式及其容量、设备的配置情况、检修作业的强度和时间安排等很多因素有关，需要根据具体工程情况来确定。

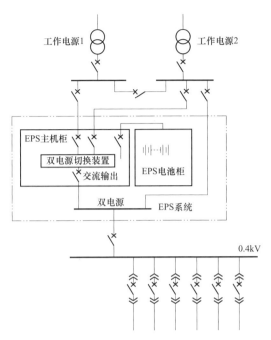

图 3-26 事故照明方案（通过 EPS 供电）

  大型水力发电厂的检修负荷具有容量大、布置分散、供电回路多的特点。根据对众多水力发电厂的调查，相比其他的厂用电负荷，检修负荷及其供电网络的故障率都较高，不少发电厂都有专门的检修部门来组织检修工作。为了避免检修系统中故障扩大影响水力发电厂的正常运行，可设置检修厂用变压器和检修供电网络。这种设计可使其他公用厂用变压器的负荷容量变小，系统接线更清晰，检修方便，有利于管理工作的开展。不过，这种设计相对来讲会增加施工的难度，而且有可能使负荷的供电回路较长、电缆消耗多、造价高。设置检修厂用变压器和检修供电网络的设计主要应用于机组台数多、检修负荷容量大且较集中的水力发电厂。

  为了降低造价，另外一个可选方案是将厂用电的明备用变压器兼做检修用变压器，如图 3-27 所示。因为明备用变压器平时闲置，兼供检修用电可节省投资，且在检修时发电厂发生故障需要投入备用厂用变压器的概率很低，即使需要投入备用变压器，也可停止或减少检修用电，因此在可靠性上也是允许的。

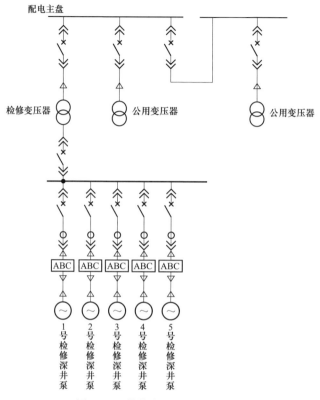

图 3-27　检修变压器供电示意图

对于没有配置专用检修厂用变压器的水力发电厂，可以选择在负荷中心设置专用的检修配电柜（或检修配电箱），并且尽量将检修供电回路与重要负荷供电回路隔离，如图 3-28 所示。

8. 备自投切换原则

低压配电系统电源备用及投切一般应遵循以下原则：

（1）双电源单母线分段接线，见图 3-20。正常情况下母线分段运行，母联断路器断开。当一回电源失去时，对应的进线开关断开，母联断路器自动合上，由另一段母线电源带全部负荷。

（2）双电源单母线接线，见图 3-21。在正常运行情况下主供电源工作，对应的进线开关合上，备用电源对应的进线开关断开；当主供电源失去时，对应的进线开关断开，备用电源自动投入，备用电源对应的进线开关合上；

当正常电源恢复后，备用电源自动切除，主供电源自动投入。

（3）有应急母线的单母线分段接线，见图 3-24。这种接线通常有三段母线，应急母线位于中间。正常运行时应急母线两侧的母联断路器仅合上一台，将三段母线当作两段母线运行，应急母线与左侧或右侧的母线并列运行。两个工作电源互为备用，母联断路器断开。当失去一个工作电源时，关合母联断路器，三段母线合成一段母线运行。当两个工作电源均失去时，将应急母线两侧与工作母线之间的母联断路器全部断开，投入应急电源（柴油发电机组）向重要的应急负荷供电。

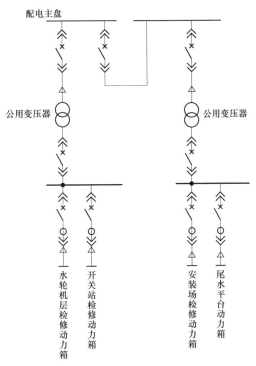

图 3-28　检修配电柜电示意图

4

变电站和换流站用低压
交流电源系统设计

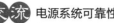

站用电系统作为变电站和换流站的辅助系统，是变电站和换流站安全可靠运行的重要保证。站用交流系统的接线形式一般应遵循以下基本原则：

（1）满足各种运行方式下的站用电负荷需要并保证其供电可靠性。

（2）各重要回路的站用电电源应相对独立。

（3）当一路站用电源发生故障时，另一路站用电源应能自动切换投入。

（4）任何一路站用电电源的容量都应能保证全站最大负荷的要求。

（5）应根据工程特点和规模，做到近远期结合，在满足近期要求的同时兼顾远期需要。

本章通过整合不同工程间大致相似的设计思路，对变电站和换流站站用低压交流系统的电压等级、中性点接地方式、电源配置以及配电网络进行介绍。同时，根据负荷对供电可靠性的不同要求，有针对性地为其配置合理的电源数量、适当的接线回路，并对不同的供电方案进行比较，以期为不同要求的用户提供一个设计参考。

4.1　变电站站用低压交流电源系统的设计

变电站用低压交流系统的设计内容和要求与发电厂用低压交流系统相关章节类似。本节主要介绍变电站站用低压交流配电系统的构成、负荷分析、电源配置、接地方案和接线方式，并根据负荷对供电可靠性的不同要求，有针对性地为其配置合理的电源数量、适当的接线回路，为具有不同需求的站用电提供性价比高、可靠性好的站用低压交流系统方案。

4.1.1　变电站低压交流系统简介

变电站是电力系统中变换电压、接收和分配电能、控制电力的流向和调整电压的场所，是输电和配电的集结点，它通过主变压器将各级电压的电网联系起来。而由站用变压器、400V 交流电源配电柜、馈线网络及用电设备等构成的变电站站用低压交流系统，主要用于给一次设备、二次设备、遥视安防系统、供水及照明系统等提供持续可靠的操作或动力电源，是保证变电站安全可靠运行的重要环节。

4.1.2 站用低压交流负荷分类

由变电站站用低压交流系统供电的设备，称为站用低压交流负荷，主要包括变压器强油风（水）冷却装置、断路器及隔离开关的操作电源、通信及远动设备电源、配电装置检修电源、深井水泵、给水泵、生活水泵等。低压交流负荷种类多，用途各有不同，其负荷分类方法也不同。无论采用何种负荷分类方法，但它的作用始终是为设计服务。以下就几种站用低压交流负荷分类方法进行介绍。

1. 根据负荷重要性分类

根据站用电负荷在变电站生产中的重要程度不同，其供电方式的采用也会有所不同。按其在生产过程中的重要程度，可将站用电负荷分为以下几类：

（1）Ⅰ类负荷。此类负荷停止供电时，可能会危及人身和设备安全，使生产停顿或主变压器减载。需要保证其供电的可靠性而允许中断供电的时间根据负荷情况可为自动或人工切换电源的时间。变压器冷却用电、断路器本体伴热带加热用电是此类负荷。此外全站公用电中的一些重要负荷也是Ⅰ类负荷。

（2）Ⅱ类负荷。此类负荷允许短时停止供电，允许中断供电的时间为人工切换操作或紧急修复的时间。但停电时间过长时，也可能影响正常生产运行。

（3）Ⅲ类负荷。此类负荷允许较长时间的停电而不会直接影响变电站正常运行。

2. 根据负荷运行方式分类

站用电负荷按其在生产过程中的使用频率及使用时间长短，可分为以下几类：

（1）经常使用负荷。指与正常生产过程有关的，一般每天都要使用的负荷。如浮充电装置、变压器强油风（水）冷却装置及微机监控系统等。

（2）不经常使用负荷。指在正常运行状态时不用，只在检修、事故或特定情况下使用的负荷。如事故通风机、消防水泵及配电装置检修电源等。

（3）连续使用负荷。指每次连续带负荷运转 2h 以上的负荷。如远动装置、微机监控系统及充电装置等。

（4）短时使用负荷。指每次连续带负荷运转 2h 以内，10min 以上的负荷。如雨水泵、消防水泵及配电装置检修电源等。

（5）断续使用负荷。指每次使用从带负荷到空载或停止，反复周期地工作，每个工作周期不超过 10min 的负荷。如变压器有载调压装置、断路器和隔离开关的操作电源等。

在中国的变电站设计中，根据负荷的重要性及运行方式进行了分类，主要站用电负荷归类见表 4-1。

表 4-1　　　　　　　　变电站内主要站用电负荷归类表

序号	名　　称	重要性分类	运行方式分类
1	充电装置	II	不经常、连续
2	浮充电装置	II	经常、连续
3	变压器强油风（水）冷却装置	I	经常、连续
4	变压器有载调压装置	II	经常、断续
5	有载调压装置的带电滤油装置	II	经常、连续
6	断路器、隔离开关的操作电源	II	经常、断续
7	断路器、隔离开关、端子箱加热	II	经常、连续
8	通风机	III	经常、连续
9	事故通风机	II	不经常、连续
10	空调机、电热锅炉	III	经常、连续
11	通信、远动设备电源	I	经常、连续
12	微机监控系统	I	经常、连续
13	微机保护、检测装置辅助电源	I	经常、连续
14	空气压缩机	II	经常、短时
15	深井水泵、给水泵、生活水泵	II	经常、短时
16	雨水泵	II	不经常、短时
17	消防水泵、变压器水喷雾装置	I	不经常、短时

序号	名 称	重要性分类	运行方式分类
18	配电装置检修电源	Ⅲ	不经常、短时
19	电气检修间（行车、电动门等）	Ⅲ	不经常、短时
20	生活区域照明	Ⅲ	经常、连续
21	站内生活用电	Ⅲ	经常、连续
22	交流不间断电源	Ⅰ	经常、连续

4.1.3 低压交流系统的电压等级

变电站一般辅助设备的容量都不大，所以站用低压交流系统只需要配置一级电压。同发电厂一样，其电压等级也选择与本国的工业、民用低压配电电压等级相同。例如，在中国一般采用 400V 三相交流系统及相应的 230V 单相交流系统；欧洲采用 690V/400V、400V/230V；澳大利亚采用 415V/240V 和 400V/230V，但今后会依据 IEC 技术标准逐步统一为 400V/230V。

站用电源由变电站主变压器低压侧引接，电压等级由主变压器的低压侧电压决定。750kV 及以下变电站的变压器低压侧电压一般为 66kV 及以下，站用高压交流系统电压选择一级电压。1000kV 变电站由于电压等级较高、站用电容量大，其变电站的变压器低压侧电压目前均选为 110kV，因此 1000kV 变电站通常采用两级电压，中间电压等级一般与站外电源的电压等级一致。

外引电源的可采用 10～66kV 电压等级，当可靠性满足要求时应优先采用低电压等级电源。

4.1.4 低压交流电源的配置

变电站用低压交流系统的电源配置应与该站主设备的电压等级、运行方式和供电要求相匹配，满足变电站在不同运行方式下的站用低压交流负荷的用电需求。因此，为了保证给站用交流负荷可靠供电，在设计时对站用低压交流电源进行了功能划分，主要包括工作电源、备用电源、应急电源和交流不间断电源。站用电低压交流电源系统的电源配置相比发电厂的厂用电源数量要少，接线更简单。

1. 工作电源和备用电源

变电站每路站用电源的容量一般按满足全站最大计算负荷的供电需求设置，备用电源的设置需要从变电站的规模和在电网系统中的重要性来考虑，对备用电源的容量要求与工作电源相同。

（1）66～220kV 变电站相对于更高电压等级的变电站在电网的重要程度，对其可靠性要求没有那么高，一般是从不同主变压器低压侧分别引接一路容量相同、互为备用的电源，如图 4-1 所示。

当 66～220kV 变电站只安装有一台主变压器时，除从该主变压器引接一路电源外，考虑到供电可靠性的要求还会从变电站外再引接一路可靠的电源。通常对重要性较高的 220kV 变电站，采用引接专线供电能提高站外引电源的可靠性。

对于一些 66kV 和 110kV 变电站，由于供区的用电负荷容量有限，在规划、设计、运行时考虑到投资回报和设备运行的经济性，当变电站仅装设一台主变压器或初期仅投产一台主变压器时，则可采用设置柴油发电机、低压专线等作为备用电源的方式。

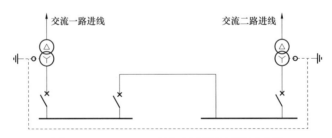

图 4-1　66～220kV 变电电站用电系统示意图

（2）330～750kV 变电站的主变压器为两台（组）及以上时，鉴于变电站在超高压电网中的重要程度较高，会分别从不同主变压器的低压侧引接容量相同、互为备用的两路工作电源，再从站外引接一路可靠的备用电源，每路工作电源及备用电源的容量都要满足全站最大计算负荷的要求，如图 4-2 所示。当变电站只有一台（组）主变压器时，基于该电压等级变电站的重要程度，除在低压侧引接一路工作电源外，还会从站外采用专线方式引接一路可靠电源。

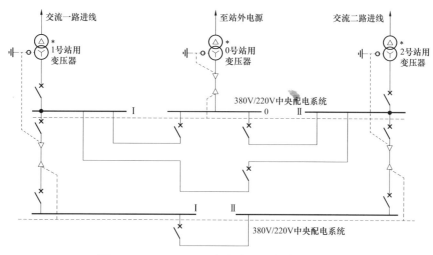

图 4-2 330～1000kV 变电电站用电系统示意图

（3）1000kV 变电站的工作电源和备用电源的配置与 330～750kV 变电站的配置基本相同，区别在于变电站只有一台（组）主变压器时，为了满足特高压电网可靠性更高的要求，除低压侧引接一路工作电源外，还会从站外采用专线方式引接两路可靠电源。

（4）其他。对于 110kV 及以下变电站仅装设一台主变压器和一台厂用变压器的"单主变压器、单站用变压器"的可靠性提升方案将在 6.4 中介绍。

在没有条件从站外引接可靠电源时，需要在站内设置快速自启动柴油发电机组，容量按满足全站Ⅰ、Ⅱ类负荷供电的要求设计。

2. 交流不间断电源（UPS）

变电站的交流不间断电源与发电厂在设备技术要求上没有差别，仅在 220kV 及以下电压等级变电站采样交直流一体化不间断电源设备时，UPS 的直流输入取自站用直流系统，即共用一组蓄电池。在变电站电压等级较低时，UPS 是按站内全部交流不间断供电负载集中设置的。

变电站 UPS 的工作原理及相关要求参见 3.2.5 中 UPS 部分。

4.1.5 系统接地方式

中国的变电站站内高压站用电系统采用中性点不接地方式，低压交流系统的接地方式一般采用 TN-C-S 系统，对于全部设备在户内安装的变电站也有采用 TN–S 系统的设计。

变电站站用低压交流系统接地方式的设计要求与发电厂基本一致，具体内容参见 3.2.3。

4.1.6 站用低压交流系统网络

1. 辐射状配电网络

对于 220kV 及以下的变电站，低压辅助设备少，站区范围小，低压厂用电配电网络接线简单，设立分配电柜节约电缆有限，经济性不高，因此一般采用单层辐射状配电网，即低压交流电源可经主配电柜直接供给低压负荷。

330～1000kV 变电站的主控通信楼、综合楼、下放的继保室等，负荷比较集中，因此和发电厂一样，采用双层辐射状配电网，即主配电柜以辐射方式向分配电柜供电，分配电柜再以辐射方式向负荷供电。

低压辐射状配电网络中的母线双电源供电时采用单母线分段供电方式，单电源供电时采用单母线供电方式。

2. 各类负荷的供电

Ⅰ、Ⅱ、Ⅲ类负荷对电源供电方式和发电厂 3.2.6 所述类似。

3. 事故照明

事故照明是在变电站失去站用交流电源的情况下，为事故处理包括人员疏散而提供的照明。事故照明灯具大多数采用交流电源，由专用的照明交流逆变电源系统供电，电源取自站用低压直流系统的蓄电池组或交流逆变电源系统自带的蓄电池组。

交流逆变电源系统基本采用静态逆变装置，并按站内全部事故照明负载配置容量，集中设置。正常采用交流电源旁路输入直接输出交流，在站用交流失电后采用直流电源输入并逆变为交流输出。当交流电源恢复后，会自动切换回原来的交流电源输入。

4. 检修供电

检修电源主要是为变电站定期检修（如季度检修、年度检修等）和不定期检修（比如事故检修、缺陷处理等）提供电源。为了使可靠性较低的检修供电回路与重要负荷供电回路隔离，变电站的主变压器、户内外配电装置等场所一般都设置有固定的检修电源，供电焊机、电动工具和试验设备等使用。考虑到供电电缆的电压降，检修电源的供电半径宜小于 50m，基本是按配电装置区域划分并采用单回路分支的供电方式。为在方便大型设备的同时兼顾便携电动工具和试验仪器，检修电源箱柜中的设有 400V 和 230V 两种电压，并设有相应的过电流、过载、漏电等保护。

4.2　换流站站用低压交流电源系统的设计

换流站站用低压交流系统的设计要求与变电站基本一致，但换流站的辅助设备种类和数量相对更多。本节针对换流站在低压交流配电系统的构成、负荷分析、电源配置和接线方式等方面存在的设计差异，根据换流站的低压交流负荷对供电可靠性的不同需求，有针对性地进行了介绍和阐述。鉴于中国在换流站的设计、建设和运维方面都积累了大量的工程经验，以下主要以中国的换流站工程设计情况为基础进行介绍。

4.2.1　换流站站用低压交流系统简介

换流站是指在高压直流输电系统中，为了完成将交流电变换为直流电或者将直流电变换为交流电的转换，并达到电力系统对于安全稳定及电能质量的要求而建立的站点。换流站中应包括的主要设备或设施有换流阀、换流变压器、平波电抗器、交流开关设备、交流滤波器及交流无功补偿装置、直流开关设备、直流滤波器、控制与保护装置、站外接地极及远程通信系统等。

换流站的生产过程相对于变电站更复杂，增加了大量的辅助系统，主要用于给换流阀及换流变压器的冷却系统、控制和保护系统、计算机监控系统、一二次设备加热驱潮负载、遥视安防系统、供水照明系统等提供持续可靠的操作或动力电源，因此换流站的站用低压交流系统比变电站的复杂。

4.2.2　换流站用低压交流系统设计概述

由于换流站输送的容量都较大、电压等级都较高，换流站站用低压交流系统接有换流阀冷却系统以及换流站的控制和调节系统等重要负荷，其中换流阀又是换流站能否以额定功率或过负荷运行的主要支撑系统，而换流站控制和调节系统的工作状况又直接影响超特高压直流输电系统及其所连接的交流电网系统的安全稳定运行，所以换流站站用低压交流系统的设计也十分重要。

下文将从负荷分类、电源配置、容量计算、供电方式、电压等级、接地形式等方面，对换流站站用低压交流系统的设计进行介绍。

4.2.3 站用电负荷分类

换流站低压交流负荷的分类与 4.1.2 基本一致，但由于换流站增加了阀内冷系统、阀外冷等与换流阀相关的低压负荷，使其低压交流负荷的种类更多、分布更广。

在中国的换流站设计中，根据负荷的重要性及运行方式，主要站用交流负荷归类见表 4-2。

表 4-2 　　　　　　　　　换流站站内主要站用电负荷归类表

序号	负 荷 名 称		负荷类别	运行方式
1	阀内冷系统	主循环泵	I	经常、连续
		水处理装置（包括原水泵、补水泵、电加热器、蝶阀等）	I	不经常、连续
2	阀外冷系统	冷却泵（水冷方式）	I	经常、连续
		冷水机组（水冷方式）	I	经常、连续
		冷却风机（风冷方式）	I	经常、连续
		电加热器	II	不经常、连续
3	换流变压器、交流变压器冷却装置		I	经常、连续
4	换流变压器有载调压装置		I	经常、断续
5	换流变压器有载调压装置的带电滤油装置		II	经常、连续
6	交流变压器有载调压装置		II	经常、断续
7	交流变压器有载调压装置的带电滤油装置		II	经常、连续
8	油浸式平波电抗器冷却装置		I	经常、连续
9	换流变压器隔音室排气通风机		II	经常、连续
10	充电装置		II	不经常
11	浮充电装置		I	经常、连续

序号	负 荷 名 称	负荷类别	运行方式
12	断路器、隔离开关操作电源	II	经常、断续
13	断路器本体加热	II	经常、连续
14	断路器、隔离开关、端子箱加热	II	经常、连续
15	除换流变压器隔音室排气通风机外的其他通风机	III	经常、连续
16	排烟风机	II	不经常、连续
17	阀厅空调机	I	经常、连续
18	主、辅控楼空调机	II	经常、连续
19	主、辅控楼电梯	II	不经常、断续
20	户内直流场空调机	II	经常、连续
21	电热锅炉	III	经常、连续
22	通信电源	I	经常、连续
23	远动装置	I	经常、连续
24	微机监控系统	I	经常、连续
25	在线监测装置	II	经常、连续
26	空压机	II	经常、短时
27	深井水泵或给水泵	II	经常、短时
28	水处理装置	II	经常、短时
29	工业水泵	II	经常、短时
30	雨水泵	II	不经常、短时
31	消防水泵	I	不经常、短时
32	水喷雾、泡沫消防装置	I	不经常、短时
33	配电装置检修电源	III	不经常、短时
34	电气检修间（行车、电动门等）	III	不经常、短时
35	站区生活用电	III	经常、连续

4.2.4 站用低压交流系统电压等级

由于换流站要保证在一台高压站用变压器故障或检修的情况下，既要有供全站负荷的工作电源，又要有相同容量的备用电源，并且是保证站内、外电源各有一路。因此，站内引接电源在有联络变压器时从其低压侧引接，电压等级一般为 35kV 或 66kV；无联络变压器时从站内高压配电装置或滤波器大组母线引接，电压等级一般为 220～750kV。外引电源的电压等级一般为 35kV 或可靠性高的 10kV 电源。

依据现有换流站辅助设备的容量，换流站站用低压交流系统只配置 400V 一级电压。

4.2.5　站用低压交流电源的配置

鉴于中国在超特高压换流站方面积累的大量工程经验，以中国工程设计情况为主进行介绍。

1. 工作电源和备用电源

对换流站站用低压交流系统中的供电电源数量要求并不一致。在远距离直流输电的换流站站用低压交流电源的数量要求上，多数国家要求设置两路或两路以上，中国明确要求远距离直流输电的换流站设置可靠的三路电源，其中一路为备用电源，站内就不再设置事故柴油发电机。

高压直流输电系统为双极系统且每一极也可以单独运行。在设计站用交流系统时，会采用按极对应的原则，以避免一极停运时影响到另一极的运行，并且任何一路交流电源都相对独立并具备自动切换功能。换流站站用电系统示意图如图 4-3 所示。

背靠背换流站的站用交流容量比远距离直流输电换流站小，站用电源设置原则和 330kV 及以上变电站类似，基本为设置三路电源。对于联网容量较小的背靠背换流站，站用电源设置原则和 66~220kV 变电站类似，电源一般按设置两路电源考虑。无论是两路还是三路电源，其中有一路备用电源必须是站外引接的可靠电源，通过工作段母线与备用段母线间设置的母联断路器，使备用电源能自动投入，实现专用备用。

2. 交流不停电电源

换流站的交流不停电电源设计原则同变电站中 4.1.4。

4.2.6　系统接地方式

在中国，换流站站内的系统接地方式和变电站相同，高压站用交流系统也采用中性点不接地方式，低压交流配电系统的接地方式一般采用 TN-C-S 系统。换流站站内的低压交流系统接地方式的设计要求与发电厂基本一致，具体内容参见 3.2.3。

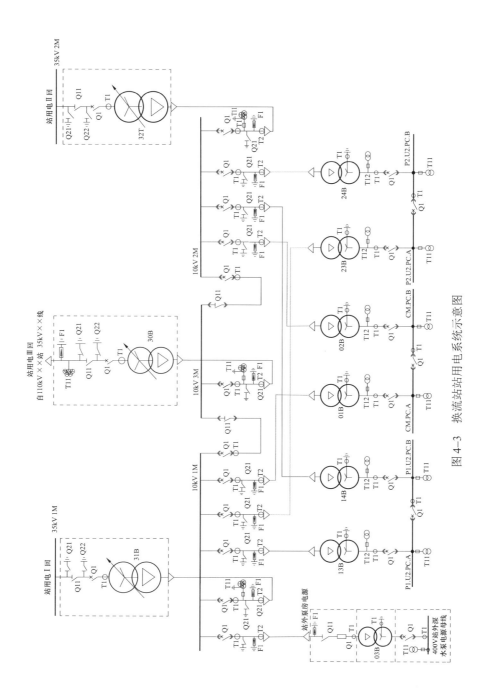

图 4-3　换流站站用电系统示意图

4.2.7　站用低压交流系统网络

换流站的低压辅助设备比变电站多，站区范围较大，因此采用双层辐射状配电网，这点与发电厂一样。主配电柜以辐射方式向分配电柜供电，分配电柜再以辐射方式向负荷供电，且分配电柜一般安装在阀冷、空调等负荷中心，以减少电缆的数量。部分靠近主配电柜的负荷或容量较大的负荷，且其对可靠性要求较高时，此时可由主配电柜直接供电。

换流站 I、II 类负荷采用一运一备并由不同的母线段供电，即双电源供电。鉴于 I 类负荷的重要性和不允许中断供电，则双电源是在就地的配电柜内完成电源自动转换，以提高其供电可靠性。II 类负荷由于可以短时中断供电，双电源在就地的配电柜内只需要手动完成电源转换。

换流站的主控楼、辅控楼、阀厅等建筑物的空调、通风系统对正常运行的影响较大，通常归于 II 类负荷，也采用可靠和相对独立的双路电源供电。

换流站内事故照明、检修等供电方式与发电厂类似。由于构成换流站独立运行单元的核心部分是阀组及其相连的换流变压器，因此换流阀、阀冷系统等设备的重要程度更高，在设计时要予以重点考虑。其供电方式如下：

（1）换流阀的负荷应分别连接到与之相对应的站用低压交流母线段上。

（2）同一换流阀相互备用的两台阀内冷主泵电源应取自不同的工作母线。阀内冷主泵电源的馈线开关是独立专用，不会接入其他负荷。

（3）阀外水冷系统喷淋泵、冷却风机应按冷却塔分别设置两路专用电源，两路电源取自不同的母线。阀外水冷系统的其他负荷则采用另外单独设置的两路相互独立的电源供电。

（4）阀外风冷系统的冷却风机是按组分别设置两路专用电源，两路电源应取自不同的母线。阀外风冷系统的其他负荷则采用另外单独设置的两路相互独立的电源供电。

（5）换流变压器的冷却装置、有载调压装置、带电滤油装置等负荷的电源，是按每台换流变压器分别设置并在冷却装置控制箱内实现自动切换的互为备用双路电源供电。

（6）站外泵房是根据供电距离的技术经济比较后，确定选用 10kV 还是 400V。

5 主要设备

在介绍了发电厂、变电站和换流站用低压交流系统的功能及结构的基础上，本章就系统中主要的、对系统可靠运行起关键性作用的设备进行介绍，包括低压发电厂和变电（换流）站用变压器、柴油发电机、不间断电源、低压断路器、低压熔断器、交流配电柜以及线缆等。

5.1 发电厂和变电（换流）站用低压变压器

在大型火力发电厂中，低压厂用变压器数量较多，其容量大小相差很大，所带负荷类型也各不相同。以中国某电厂的 600MW 发电机组为例，最大的低压厂用变压器为空冷变压器、公用变压器、除尘变压器、汽轮机变压器、锅炉变压器等，容量在 2000～2500kVA 不等，通常这类变压器所带负荷中电动机的比例较大，其中汽轮机变压器、锅炉变压器尤其明显，而且汽轮机变压器、锅炉变压器所带的电动机中对发电机组正常安全生产起重要作用的电动机的数量及总容量更是比其他变压器为多；最小的低压用变压器通常为检修变压器、办公楼变压器、照明变压器等，容量在 500kVA 左右，其中检修变压器只有在检修期间的负荷才较重，办公楼变压器的负荷中主要考虑空调的影响，照明变压器基本上没有电动机负荷。

5.1.1 发电厂和变电（换流）站用变压器的容量

正确地统计计算发电厂和变电（换流）站用低压变压器的容量是发电厂和变电（换流）站用低压交流系统正常运行的基本保障。但过大的容量又会造成成本上升，所以需要在保证运行可靠性的前提下，提高发供电企业的运行经济性。

1. 负荷特性的分析

为了选择发电厂和变电（换流）站用变压器的容量，必须对发电厂和变电（换流）站用电设备的容量、数量及运行方式有所了解，并予以分类和统计，最后才能确定发电厂和变电（换流）站用变压器的容量。

以火力发电厂为例，火力发电厂的厂用电负荷包括全厂机、炉、电、燃料等的用电设备，面广量大，且随各厂机炉类型、容量、燃料种类、供水条件等而差异较大。例如，高温高压电厂比同容量的中温中压电厂的给水泵容量大；大容量机组的辅助设备比中、小型机组要多而且功率大；闭式冷却方式比开式循环冷却方式的耗电量要大；各种燃料的发热量不同，需要的通风量不同，风机容量也不同，同时除灰设备也不尽一样；若电厂采用汽动给水泵则可大大减小厂用电变压器容量等。

一般厂用变压器是分别连接在不同厂用母线段上，再由这些分段的母线引至各用电设备的。所以在选择厂用变压器容量时，要按变压器连接的这段母线上用电设备的台数和容量进行负荷统计计算，既要兼顾经济性还要考虑用电设备的实际运行特性，是经常工作的还是备用的，是连续运行的还是断续运行的。根据其运行特性对用电设备的负荷进行以下分类：

（1）经常——每天都要使用的负荷。

（2）不经常——只在检修、事故或机炉启/停期间使用的负荷。

（3）连续——每次连续运转 2h 以上的负荷。

（4）短时——每次仅运转 10～120min 的负荷。

（5）断续——每次使用时从带负荷到空载或停止，反复周期性地工作，其每一周期不超过 10min 的负荷。

依据上述用电设备的负荷分类，选择厂用变压器容量的负荷统计计算一般遵循以下原则：

（1）经常连续运行的负荷应全部计入。如充电装置、排粉机、真空泵等用的电动机。

（2）连续而不经常运行的负荷应计入。如相控充电机、备用励磁机、事故备用油泵等用的电动机。

（3）经常而断续运行的负荷应计入。如疏水泵、空气压缩机等用的电动机。

（4）短时断续而又不经常运行的负荷一般不予计入。如行车、电焊机等。只在最后确定变压器容量时留出适当裕度。

2. 发电厂和变电（换流）站低压用电变压器的容量

发电厂和变电（换流）站低压用电变压器容量的选择与所接按独立运行单元供电的最大计算负荷有关，并且要满足 I 类、II 类等重要负荷的需求。发电厂和变电（换流）站低压用电工作变压器除满足其独立供电的最大计算负荷的需求外，最好能多留 10%的容量裕度，配置的发电厂和变电（换流）站低压用电备用变压器容量要与最大一台发电厂和变电（换流）站低压用电工作变压器的容量相同。

各个低压用电系统的变压器容量原则上不要超过 2000kVA，主要原因有两点：一是控制主配电柜的框架断路器额定电流不要超过 4000A，否则柜体尺寸、性能等参数都会发生较大变化，影响柜内设备的散热及正常运行；二是可以把母线短路电流水平控制在 50kA 以下，这时选用的断路器不仅能降低厂用电系统设备的成本，还使设备和系统运行也更加安全可靠。

对于负荷采用双电源供电方式时，通常每个电源的容量设计计算是按在失去其中一个电源情况下，还能够保证持续满足 100%负荷的供电考虑，这样就能够实现无条件的备自投和来电后自恢复，不用手动倒切、调节负荷，提高了负荷供电可靠性。

在计算低压交流系统容量时，统计的是连续运行及经常短时运行的负荷和Ⅰ类负荷（消防水泵），而其他负荷没有纳入容量计算。

换流站的站用低压交流系统容量计算还需要综合考虑直流输送容量、环境条件、阀冷却方式及特殊设施等因素。根据中国的设计运行经验，站用低压交流系统容量一般为其额定直流输送功率的 0.15%～1%。

5.1.2　发电厂和变电（换流）站用变压器的型式

合理的选择发电厂和变电（换流）站用变压器的形式不仅能降低投资成本和运维成本，还会提高发电厂和变电（换流）站用低压交流系统的运行可靠性。

1. 干式变压器和油浸变压器

安装在室外的变压器，受雨雪、湿度、温度、污秽等不利环境气候因素的影响较大，油浸式变压器是最佳的选择，但对布置于室（厂房）内，因环境影响因素少，选用干式变压器有较好的经济性。

当发电机出口母线采用分相封闭型式时，厂用电分支线一般也会采用分相封闭母线。分相封闭母线消除了发生相间短路故障的可能性，使其可靠性大大提高，相应地可采用单相干式变压器，使得厂用电变压器与分相封闭母线的可靠性一致。但当厂用电变压器高压侧加装了限流电抗器和断路器时，可选用三相式，此时再选择单相式对为提高可靠性而牺牲经济性已意义不大了。

2. 变压器的联结组号

发电厂和变电（换流）站低压用电变压器接线组别的选择应使厂用工作电源与备用电源之间的相位一致，以便发电厂和变电（换流）站低压用电电源的切换可采用并联切换的方式。发电厂和变电（换流）站低压用电变压器间虽不并列运行，但为了便于发电厂和变（换流）站低压用电电源的切换操作，在选择变压器的联结组别时，要考虑各段电源间的相位一致，以避免操作可能造成的并列而引发事故。当然，当变压器联结组别经选择仍不能使发电厂和变电（换流）站低压用电电源间的相位一致时，也可采取加装互不并列的闭锁或隔离变压器等措施。但是这些措施一般会使系统运行可靠性降低，需慎重对待。

变压器的 Dyn11 联结与 Yyn0 联结组别相比，前者空载损耗与负载损耗虽略大于后者，但 Dyn11 联结比 Yyn0 联结的零序阻抗要小得多，接近于正序阻抗，因而可缩小各种短路类型的短路电流差异，简化保护方式，特别有利于单相接地短路故障保护。另外 Dyn11 联结承受不平衡负荷的能力大，可更充分地利用厂用电变压器容量，而 Yyn0 联结要求中性线电流不超过低压绕组额定电流的 25%，限制了接用单相负荷的容量。此外，由于 Dyn11 联结变压器的一次侧接成三角形接线，有利于抑制谐波电流。所以就可靠性和经济性而言，选用 Dyn11 联结组别的厂用电变压器居多。

5.1.3　发电厂和变电（换流）站用电变压器的阻抗

制造厂为了生产工艺的通用性，对同一容量、同一电压等级的变压器有规定的系列阻抗值。但从系统运行的安全角度考虑，阻抗应选得大些，以减少发电厂和变电（换流）站用电母线的短路电流，这样就便于采用普通分断能力的高、低压电器和较小截面积的电缆，还可以节省建设投资。可是为了满足最大电动机的正常启动和成组电动机的自启动时对电压降的要求，阻抗又需要选得小些，以利于保证电压质量以及减小电压偏差范围。

大、中型电厂电动机容量大、数量多，选用的低压电器开断电流能力强，为满足启动电压要求，一般选用与普通变压器相同的阻抗值。中、小型水力发电厂的高压厂用电变压器容量相对较小，也选用普通变压器阻抗值。另外，为使低压电动机串接自启动，母线电压值必须保证在 55% 额定电压以上，而只有区分发电机是否有进相运行需求，对应选择低压变压器适合的阻抗值，才能满足最低允许电压（55% 额定电压）的要求。所以，发电厂和变电（换流）站用电变压器阻抗的选择会受多种因素影响，是选择普通配电变压器还是高阻抗变压器等，需要在具体工程设计来综合比较安全性、经济性确定。

5.1.4　母线电压

作为厂用电系统中最为关键的设备，厂用变压器的选择除了基于容量和形式考虑外，还需要考虑系统的正常电压波动以及电动机启动时母线电压压降等问题。

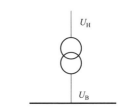

图 5-1　发电厂厂用电的电源回路示意图

1. 厂用电母线的允许电压偏移值

图 5-1 为发电厂厂用电的电源回路示意图，回路中二次侧母线电压 U_B 的计算公式见式（5-2）

$$U_B = U_0 - I \cdot (R_T \cdot \cos\varphi + X_T \cdot \sin\varphi) \tag{5-1}$$

$$U_0 = \frac{U_H}{KU_r} \tag{5-2}$$

式中　U_0——变压器低压侧的空载电压（标幺值）；

　　　U_B——厂用母线电压（标幺值）；

　　　U_H——高压侧电源电压；

　　　U_r——基准电压，取变压器低压侧母线的额定电压；

　　　I——负荷电流（标幺值）；

　　　R_T——变压器的电阻（标幺值）；

　　　X_T——变压器的电抗（标幺值）；

　　$\cos\varphi$——负荷功率因数；

　　　K——变压器变比，应计及实际分接头的位置。

由式（5-1）可知，厂用电回路中变压器二次侧母线电压值 U_B 的大小与厂用变压器的固有参数包括电抗值、电阻值，以及系统电压 U_0 和负载有直接的关系。当系统电压发生偏移或负荷发生变化时，变压器二次侧母线电压值 U_B 也会随之波动。然而，厂用电母线的电压偏移允许值，决定于各级母线上所接负荷的性质。厂用电负荷主要是电动机类负荷，电动机在额定频率下能以额定功率连续运行的允许电压波动一般为±5%。因此在正常的电源偏移和厂用负荷波动的情况下，厂用电母线的电压偏移一般不可超过额定电压的±5%。

2. 单台电动机正常启动时厂用母线允许电压降

在设计阶段，选择发电厂和变电（换流）站用电变压器容量时的一个重要的考量依据是，在电动机正常启动时其所连接的厂用母线电压下降值在规定范围内。这主要是为了限制电动机启动时对其他用电设备的影响，并保证电动机有足够的启动转矩来顺利启动。当电动机启动时，母线电压允许下降值与母线上所连接的负载类型、电动机启动频率等因素有关。根据长期的运行经验，中国在设计规范中有以下规定：

（1）当厂用配电母线除了连接有电动机外，还有照明或其他对电压较敏感的负荷时，电动机启动时母线电压下降值应满足：①不大于额定电压的10%（电动机频繁启动，如每小时启动数十次甚至数百次）；②不大于额定电压的15%（电动机不频繁启动）。

（2）当厂用配电母线连接有电动机等负荷，但没有连接接照明或其他对电压较敏感的负荷时，最大容量电动机启动时母线电压下降值不大于额定电压的 20%。一般电动机正常启动时，厂用母线的电压都在额定电压的90%以上，最大电压降一般是发生在最大容量的电动机启动时。虽然，母线电压低于额定值 80%以下时电动机也可能可以启动，但电压低、电动机启动时间延长及启动时间太长等都将增加电动机的发热量，而且还要影响母线上其他运行的电动机，所以工程中一般将电压下降值确定为不大于额定电压的20%。

（3）当厂用配电母线仅连接有电动机负荷时，则电动机启动时母线电压允许下降值可依据保证电动机启动转矩的条件来确定，必要时可咨询电动机生产厂家的技术要求。在这种情况下，保证电动机的启动转矩是唯一条件，但不同机械操作所要求的启动转矩相差悬殊，不同类型电动机启动转矩与端子电压的关系也不相同，比如水泵在启动时电动机端子上的最低容许电压约为额定电压的60%（有些国家如日本为70%），风机类电动机为65%～70%，但磨煤机特别是中速磨煤机的起始阻力矩特别大，一般要求约为85%～90%。

需要注意的是，电动机能否有足够的启动转矩实现顺利启动，其根本因素是电动机端子电压而不是配电母线电压。如前所述，发电厂厂用低压交流系统一般设有主配电柜（动力中心–PC）和分配电柜（电动机控制中心–MCC）。较大功率的电动机一般都可就近接至主或分配电柜母线，电动机支线距离很短、线路压降可忽略，为简化变压器选型时的电压校验过程，一般仅对电动机启动时的母线电压降做出要求。但如果电动机的配电支线较长，不仅需要考虑配电母线的允许电压降，还要考虑电动机的端子电压。

3. 成组电动机自启动时厂用母线允许电压降

发电厂中成组电动机自启动时，厂用母线允许电压降的具体数值最好通过试验来确定。不过在变压器选型时值得关注的有以下几方面：

（1）成组电动机自启动时，厂用母线允许的最低电压值比单电动机正常启动时要低。在运行中，发电厂厂用交流母线突然失去电压时，电动机将处于成组惰行状态。由于备用电源会自动投入，失压时间一般不会太长，当电压恢复后，电动机将成组自启动。由于失压时间不长，电压恢复时电动机还具有较高的转速，因此比较容易启动，所以对厂用电交流系统的母线电压最低允许值的要求比单机正常启动时要低。

（2）电动机带负荷自启动与高、低压串接自启动（即低压变压器和与其连接的高压变压器同时自启动），比电动机空载或低压变压器单独自启动严重得多，启动更加困难。考虑到客观要求和实际的可能性，电动机带负荷自启动与高、低压串接自启动时厂用电母线的最低允许电压值要比电动机空载或低压变压器单独自启动时低一些，如在一些水力发电厂中前者的母线最低允许电压值定为60%，后者则设定为65%。

（3）成组电动机自启动实际上是"自然分批"启动的。启动力矩较小的电动机容易启动，会先启动，使总启动电流减小，启动母线电压上升，最后也能使大启动转矩的电动机启动投运。如油泵、水泵及空气压缩机等辅机的启动阻力矩较小，电动机端子电压不低于50%的额定电压就可以启动。

5.2 电 源 切 换 开 关

备用电源自动投入装置，是当工作电源因故障或其他原因消失后，能迅速自动地将备用电源投入工作，使工作电源被断开的负荷不致停电的一种装置，简称备自投。对备自投的基本要求是具有自动性、准确性、快速性和可靠性。一套完善的备自投逻辑方案应综合考虑装置的实际运行环境，应站在系统运行的角度来考虑备自投的设计问题。备自投的设计应避免求全思想，不切实际地追求适应一切故障情况甚至臆想的稀有故障情况，会导致自投逻辑过分复杂而大大降低可靠性。因此，设计良好的备自投应该是在满足常见运行方式下，充分考虑相关环节，在系统可靠性与装置间取得合理的优化。

目前实现低压电源自动切换功能的设备及对应的切换方式主要有三种：一是接触器（电磁式）切换回路方式；二是微机型备自投装置方式；三是自动切换开关电器（ATSE）方式。下文将对这三种切换方式的原理、设备以及接线进行介绍。

5.2.1 接触器切换回路方式

接触器切换回路方式是以接触器为切换执行部件，切换功能用接触器线圈、辅助触点组成二次回路完成控制功能，典型的接触器切换回路如图 5-2 所示。

其基本切换过程为：当 1 号站用变压器失电时，交流接触器 1C 线圈失电，1C7：8 闭合，回路接通，2C 线圈带电，接触器闭合，2 号站用变压器供电，完成切换。接触器的供电回路路径为：2X23—熔断器 4FU—交流接触器触点 1C7：8—低压备自投切换开关 22ZK—交流接触器 2C 线圈—熔断器 3FU—2X21。

接触器切换方式具有接线简单、设备元件少的优点。但二次回路长期通电，对产品质量要求高。在实际工程应用中经常出现回路中的带电触点容易过热、触点黏结、线圈烧毁等故障。且在市场上，接触器的产品离散

75

性较大，产品的可靠性不容易控制。

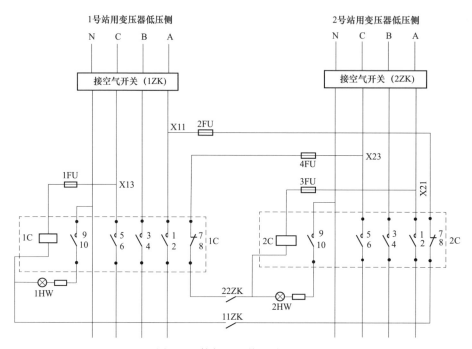

图 5-2　接触器切换回路原理图

5.2.2　微机型备自投装置

微机型备自投装置是一种利用微型计算机控制开关分断实现电源切换的自动装置，其基本工作原理是利用高速微型处理器对采集的模拟量、开关量信息进行逻辑判断，通过驱动电路控制开关设备的关断，实现电源切换。微机型备自投装置具有技术成熟、功能强大、可靠性高以及适应性强的优点，不过该技术需要采集系统的电流、电压及开关状态等，现场二次接线复杂。

1. 微机型备自投装置功能的介绍

微机型备自投装置有备自投充电、备自投放电、备自投动作三种工作状态。

（1）备自投处于充电状态，即在满足备自投动作的条件时，备自投可正常、随时动作。备自投处于充电状态的条件有：备自投投入工作、工作电源和备用电源电压正常、工作和备用断路器位置正常、无闭锁条件、无放电条件等。

（2）备自投处于放电状态，即备自投不能被投入工作来切换电源。备自投处于放电状态的条件有：断路器位置异常、手跳/遥跳闭锁、备用电源电压低于有压定值延时、闭锁备自投开入、备自投合上备用电源断路器等。

（3）进线备自投装置动作，即备自投动作切换电源。备自投装置动作的逻辑为：判断工作电源电压低于无压定值，工作电源断路器电流小于无流定值，且备用电源电压大于有压定值，延时跳开工作电源断路器，确认断路器跳闸后，合备用电源低压侧进线断路器。备自投动作后，确认备用电源低压侧进线断路器在合闸位置。

微机型备自投有分段备自投和进线备自投两种工作方式。分段备自投方式如图 5-3 所示，主要用于两路电源互相备用（即暗备用）时的电源切换。正常运行时，两个工作电源分别供电，每路进线各带一段母线，分段开关断开，两个电源互为暗备用；当其中一个电源失电时，备自投满足动作条件（如上文所述）时，备自投动作，使两段母线并列运行。该方式是低压单母分段接线，采用母分备用方式，其优点是两台站用变压器负载均匀，缺点是Ⅰ、Ⅱ段负荷不在同一个低压系统内。

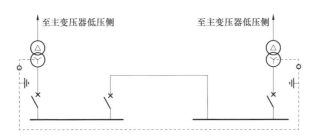

图 5-3　110、220kV 变电站采用微机型备自投装置的接线图

进线备自投方式如图 5-4 所示，多用于工作电源和明备用电源间的切换。正常运行时，一个工作电源供电，即一路进线带两段母线并列运行，另一个电源为明备用。此方式称为进线备自投方式。该方式采用其中一路进线备用的方式，其优点是负荷运行在同一个系统内，缺点是一台站用变压器空载，而另一台可能重载。该 500kV 变电站用电 380V 进线微机型备自投装置配置见图 5-5。

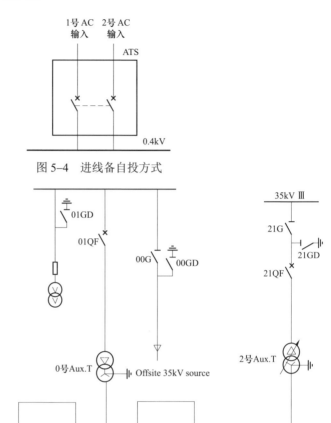

图 5-4 进线备自投方式

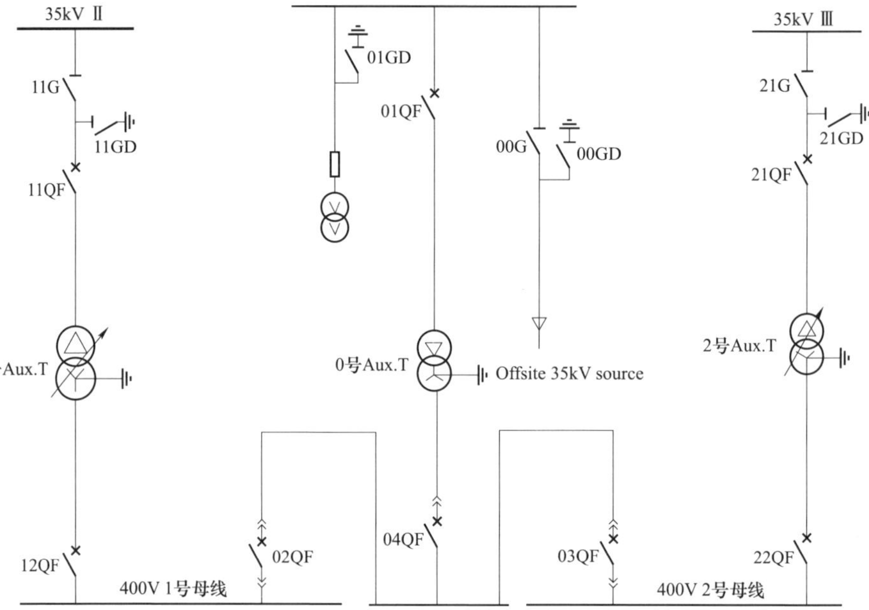

图 5-5 某 500kV 变电站用电 380V 进线微机型备自投装置配置图

2. 事故案例

微机备自投装置需要采集的信息量多，逻辑设置复杂。在调查中，发现多起因微机型备自投装置逻辑设置不能满足现场运行的要求而发生事故或导致事故扩大的情况。如站用低压工作母线间装设自动投入装置时，当低压母线故障时不具备闭锁备自投的功能从而导致事故扩大。

2012 年，某变电站施工单位进行备用变压器滤油工作时，滤油施工现场的用电设备或电缆存在原因不明的单相接地故障，其临时施工检修电源箱内的断路器未跳闸，站内交直流配电室的 400A 分支断路器未跳闸，导致站用变压器次级开关越级跳闸，变电站的一次接线见图 5-6。由于该变电站站用变备自投装置不具备 380V 母线故障闭锁备自投功能，导致两台分段开关由于备自投装置动作而相继合上，三台站用变压器次级开关又由于低压侧故障依次跳开，最终导致全站交流失电。

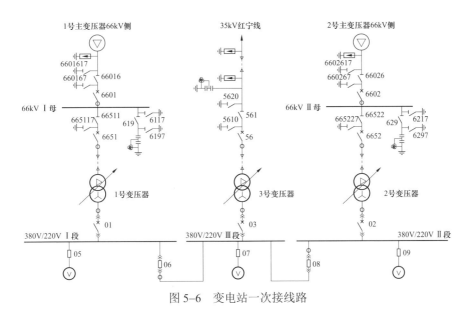

图 5-6　变电站一次接线路

在换流站中，极的阀冷系统是 I 类负荷，其两路电源分别接在两段联络的 400V 母线上，如图 5-7 所示。如果一段母线发生短路故障，该段母线进线开关的电流保护将动作并跳闸，若此时未能闭锁备自投，则联络断路

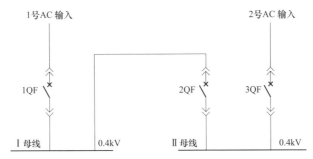

图 5-7　换流站阀冷却系统电源进线图

器将合闸并再次引入故障。又由于此时的短路电流太大，联络断路器与另一段母线进线开关的电流保护无法从时间上进行配合，那么另一段母线进线开关的电流速断保护将瞬时跳闸，这将导致该极的阀冷系统完全失去电源，造成单极闭锁。

针对以上问题，建议在设计时增加从 400V 母线进线开关的电流保护单元动作出口至备自投装置的外部闭锁入口的硬接线，以达到进线开关电流保护动作闭锁备自投的目的。

5.2.3　自动切换开关电器（ATSE）

近年来，自动切换开关电器（automatic transfer switching equipment，ATSE）在新建或改建的低压交流电源系统，特别是在一体化电源系统中得到了广泛应用。相比传统的微机型备自投装置，电源自动切换装置的特点有：一是采集量较少，逻辑简单，ATSE 装置只需对两路进线电源的 A 相电压、零序过电流保护动作闭锁信号进行实时采集和判断，做出相应的自投动作；二是安全可靠，ATSE 装置具有电气连锁或机械连锁功能，自动切换时能有效地避免两路电源出现并列运行，紧急情况下还可以进行手动操作；三是安装简易，ATSE 装置可直接安装于 400V 进线柜中，其输入、输出、通信等模块均采用插拔式安装，安装较为简易。

1. ATSE 装置的特点和功能介绍

ATSE 是一种包含控制器和开关电器的自动切换装置，控制器用于监测电源电路（失压、过压、欠电压、断相、频率偏差等），开关电器用于将负载电路从一个电源自动转换到另一个电源。

ATSE 依照承受和分断短路电流能力分为 PC 级、CB 级和 CC 级。PC 级和 CC 级只能完成双电源自动转换的功能，不具备短路电流分断（仅能接通、承载）的功能；CB 级既能完成双电源自动转换的功能，又具有短路电流保护（能接通并分断）的功能。从各行业 ATSE 应用情况来看，PC 级 ATSE 的可靠性高于 CB 级。图 5-8 给出了 PC 级和 CB 级的 ATSE 的一次接线示意图。图 5-9 给出了现场使用的 ATSE 装置的实物图。

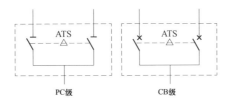

图 5-8　ATSE 一次接线示意图

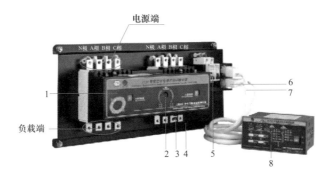

图 5-9　ATSE 实物装置图

1—操动机构罩；2—手动操作孔；3—塑料外壳断路器；4—安装底板；
5—微型断路器；6—二次回路接插件；7—电缆；8—控制器

　　ATSE 装置控制逻辑由控制器实现。电力系统中采用的控制方式主要有自投自复式自动切换控制器和自投不自复式自动切换控制器两种。ATSE 控制器主要由电压回路、电流回路以及控制回路等构成。不同厂家、不同型号的 ATSE 装置采集的电气量不同。自投自复式自动切换控制器操作程序如下：

　　（1）ATSE 对常用电源和备用电源的相电压同时进行检测，如果常用电源被监测到出现偏差时，内部电路对电压幅值及相位的检测结果进行判断，

满足动作条件时，驱动相应的指令继电器向电动操动机构发出分闸合闸指令，将负载从常用电源转换至备用电源。

（2）如果常用电源恢复正常时，则自动将负载返回转换到常用电源。转换时可有预定的延时或无延时，并可处于一个断开位置。

自投自复式 ATSE 和自投不自复式 ATSE 的动作逻辑表分别见表 5–1 和表 5–2。自投不自复式自动切换控制器的区别是，当常用电源恢复正常后，不需要从备用电源切换到常用电源。

表 5–1　　　　　　　　　　自投自复式 ATSE 动作逻辑表

常用电源	备用电源	ATSE 动作逻辑
正常	正常	常用电源供电
正常	异常	常用电源供电，控制器报警备用电源有故障
异常	正常	经 t_1 延时后切除常用电源，紧接着经 t_2 延时后，切换到备用电源供电
恢复正常	正常	经 t_1 延时后切除备用电源，紧接着经 t_2 延时后，自动恢复到常用电源供电
异常	异常	控制器不发指令

注：t_1 为分闸延时（最长延时 60s，最短延时 0.5s）；t_2 为合闸延时（最长延时 60s，最短延时 0.5s）。

表 5–2　　　　　　　　　　自投不自复式 ATSE 动作逻辑表

常用电源	备用电源	ATSE 动作逻辑
正常	正常	常用电源供电
正常	异常	常用电源供电，控制器报警备用电源有故障
异常	正常	经 t_1 延时后切除常用电源，紧接着经 t_2 延时后，切换到备用电源供电
恢复正常	正常	仍以备用电源供电，不自复
异常	异常	控制器不发指令

注：t_1 为分闸延时（最长延时 60s，最短延时 0.5s）；t_2 为合闸延时（最长延时 60s，最短延时 0.5s）。

2. ATSE 装置在工程中的应用

在工程中，根据电源的备用情况和母线的分段情况，ATSE 装置在低压交流电源系统中的接线会略有区别。图 5–10 为低压交流系统配置明备用电源时 ATSE 的接线图，图 5–11 是低压交流系统配置暗备用电源时 ATSE 的接线图。

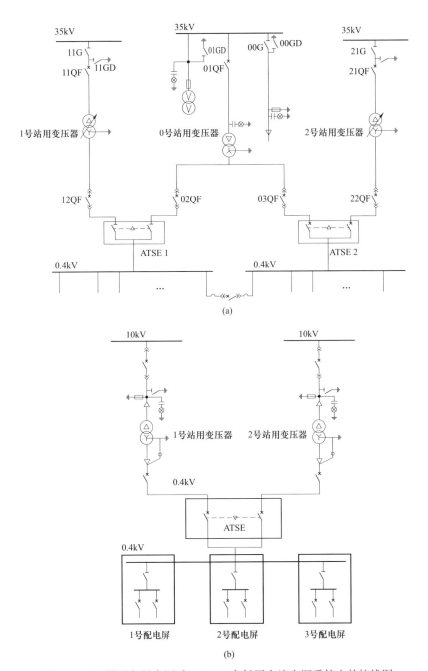

图 5-10 配置明备用电源时，ATSE 在低压交流电源系统中的接线图

（a）三站用变压器：两台工作变压器，一台备用变压器；

（b）两站用变压器：一台工作变压器，一台备用变压器

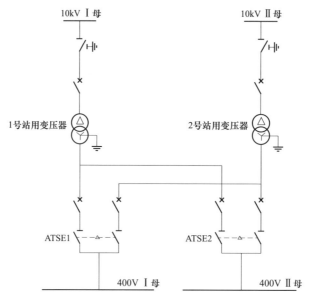

图 5-11　ATSE 在低压交流系统中的接线图（两电源互为暗备用）

在工程中，ATSE 控制器逻辑动作的核心是定值，包括欠电压定值、有电压定值和切换时间定值。定值的设定直接决定了 ATSE 的逻辑判定，如当 ATSE 检测到工作电源电压 U 低于欠电压定值时，则认为该电源欠电压；当 ATSE 满足逻辑动作条件，经过规定的切换时间值后，ATSE 即需动作。依据国家标准，备用电源自动投入装置欠电压定值（U_{set1}）为系统额定电压的 0.35~0.7 倍；有电压定值（U_{set2}）为系统额定电压的 0.85 倍。

$$U_{set1}=(0.35\sim0.7)U_n \tag{5-3}$$

$$U_{set2}=0.85U_n \tag{5-4}$$

ATSE 的切换时间定值需要根据外部电网的故障切除时间和上一级自动投入装置切换时间来确定。

（1）切换时间定值需要与外部电网故障最长切除时间配合，确保在由于外部电网故障导致的电压下降的情况下备用交流电源不会投入自动投切

$$t_{set1}=t_{qw1}+\Delta t \tag{5-5}$$

（2）对于多级变压的站用电，按与上一级自动投入装置的切换时间配合

$$t_{set2}=t_{qw2}+\Delta t \tag{5-6}$$

ATSE 的切换时间定值，取式（5–5）和式（5–6）中的较大值。

5.2.4 ATSE 配置频相检测功能的考量

对发电厂和换流站来说，工作母线上连接着众多的发电厂和变电（换流）站用负荷，而占主要数量和容量的是感应电动机。当工作电源侧发生故障时，工作母线失电，此时由于电动机转动惯性及剩余磁场能量的作用，电动机在短时间内将继续旋转，并会将磁场能量转变为电能。同时连接在母线上各电动机的参数不一样，这些电动机之间将产生电磁能与动能的交换。能量的交换让部分大型感应电动机进入了发电机的运行工况，使工作母线出现了这部分电动机输出的反馈电压，称为母线残压。由于缺乏原动力驱动和励磁电源，这些母线残压的幅值和频率将逐渐衰减，且母线残压与备用电源电压间的频率差将逐渐增大。母线残压的大小及变化主要受以下几个参数的影响：

（1）电动机的惰性。发电厂和变电（换流）站用母线上电动机负载惰性越高，残压的频率下降就越慢；反之，对于低惰性负载，残压的频率、相位角衰减就越快。

（2）电动机的大小。电动机容量越大，其残压衰减的时间就越长。

（3）负荷。电动机拖动的负荷越大，残压衰减就越快。

对于大型感应电动机（一般为高压电动机），其磁场能量、转动惯量都很大，再加上绕组的电阻比漏抗小得多，因此母线残压和电流衰减很慢，以至经过若干秒后依然会对母线产生影响，如果切换时机不当，将产生较大的冲击电流损坏电机。因此，需要采用具有频相检测功能的电源切换装置，在残压快速变化中找出恰当的时刻进行合闸，以满足备用电源电压与母线残压的差拍电压最小、冲击电流最小以及母线上重要电动机的自启动需要。

对于低压电动机（一般容量为 200MW 及以上）来说，电压衰减是不一样的。在低压电动机里由于磁场能量、机械惯量都很小，所以电压下降很快，一般经过数百毫秒（甚至更短）的时间就能降至 25%额定值以下，此时合上备用电源所引起的非同期冲击电流不会很大。所以，在现有发电厂和换流站中，为了保证发电厂和变电（换流）站用低压交流负荷供电的连续性，一般情况下电源自动切换装置都不配置相频检测功能。

5.3 低 压 配 电 柜

　　发电厂和变电（换流）站用低压交流电源系统中配电柜的主要作用是将系统中的电源经母线和各馈出回路配送给负荷。发电厂和变电（换流）站用电低压系统一般选用成套的低压配电柜，配电柜中的元器件主要包括母线、低压断路器、进线/馈出电缆、避雷器和互感器等。

5.3.1 低压配电柜的介绍

　　在不同的工程应用中，运行环境、检修作业内容及工程预算等都有差异，在选择时对配电柜的结构、功能、保护特性等配置的需求会有差别，为此形成了不同形式的配电柜供设计选用，主要有固定式配电柜、固定插拔式配电柜、抽屉式配电柜、固定模块式配电柜。对于具体的工程需要选择哪种类型的配电柜，需主要考虑配电柜的柜型特点、所在地的制造生产水平、柜型的技术来源等因素，同时力求做到减少配电屏数量，节约投资，方便维护和检修等。以下将对这几类配电柜的结构和特点进行介绍。

　　固定式低压交流配电柜如图 5-12 所示，具有机构合理、安装维护方便、分断能力强、动稳定强、散热性好、电气方案适用性强、价格便宜等优点。缺点是回路少、单元之间没有间隔，一旦发生故障会波及整个柜内，占地面积大，维护和检修不方便。

图 5-12　固定式低压交流配电柜

固定插拔式如图 5-13 所示,低压交流配电柜具有单独的功能隔室单元、母线室和电缆小室,具有容纳回路多、防护等级高、维护维修方便等优点。其缺点是固定插拔式开关价格贵,无法实现与计算机的连接。

图 5-13　变电站固定插拔式配电柜

抽屉式低压交流配电柜如图 5-14 所示,设有电气联锁和机械联锁,具有功能分隔室,以限制事故扩大。每个空气开关宜采用独立隔室,装置小室、母线小室及电缆小室之间采用钢板或高强度阻燃塑料功能板隔离,上下层抽屉之间有带通风孔的金属板隔离,分隔板应具有抗故障电弧的性能。该类配电柜具有分段能力高、动热稳定性好、结构先进合理、维护维修方便、容纳的回路多、防护等级高等优点。其缺点是造价高,且一、二次插件的接触电阻可能会成为影响安全运行的隐患。

图 5-14　变电站抽屉式低压交流配电柜

固定模块式低压交流配电柜如图 5–15 所示，可采用单个固定式断路器、传感器、监控电路等设计为智能开关组件，通过标准组件的组合成为不同的低压配电系统，可以实现通用标准化的流水线生产。该类配电柜具有方案实现灵活、安全性高、维护维修方便安全、防护等级高、容纳回路多、智能化程度高等优点，是传统低压交流配电系统的更新换代产品。

图 5-15　固定模块式低压交流配电柜

5.3.2　低压配电柜的工程应用情况

低压配电柜中回路众多，各种电气设备密集封闭安装于屏柜内部，设备间的绝缘距离近，通风散热条件比敞开布置的设备要差，因此设备温升和绝缘一直是影响低压配电柜可靠运行的主要问题。

1. 温升

低压配电柜柜在设计和选型时，一个重要的考虑因素就是温升。不仅需考虑元器件自身在电流、电压作用下的发热情况，且也要考虑回路之间温升的互相影响。对封闭于屏柜内的电器设备，考虑到散热条件变差，设备的额定电流可能需要降低，具体的降容要求可依据厂家说明进行。但实际中，大多数厂家并未提供降容的具体数值，根据调研，配电柜内的设备根据运行环境的情况，降容系数可在 0.7～0.9 的范围内选择，即设备的额定电流应乘以 0.7～0.9 的裕度系数进行修正。

2. 绝缘

与高压电力设备类似，为了节约空间，低压配电柜柜采用紧凑化设计。各种电气设备密集封闭安装于屏柜内部，带电设备间以及带电设备与"地"之间的绝缘距离都非常有限。此时，需要采用其他的手段来提高配电柜内带电设备的绝缘水平。以下是一些通常采用的手段：

（1）低压配电柜内安装低压母线时，主母线与其他元件的导体之间，需要采取避免间相或相对地短路的措施，如安装绝缘隔板。

（2）配电柜之间是绝对不可使用裸导体进行连接的，因为虽然正常情况下裸导体可正常运行，但在异常情况下，如不慎出现异物搭接到裸导体的情况，则很容易造成相间短路或接地短路，因此屏柜内的裸导体需要包裹阻燃热缩绝缘护套。

（3）柜内的绝缘材料均需具有自熄性或阻燃性，并且在遇到火源时不产生有毒物质和不透明烟雾。

通过对中国 200 多座发电厂、变电站和换流站的调研发现，低压配电柜是低压交流系统中最易发生绝缘事故的设备之一。以下是两则事故案例：

在 2016 年 7 月，某换流站 400V 系统某 I 段母线的进线断路器及其进线母排有大面积烧毁痕迹，C 相母排对隔离挡板放电。经现场勘察和分析发现，经过长时间运行，断路器分、合闸时产生的振动致使母排间绝缘子脱落。由于 C 相母排距离隔离挡板较近，在绝缘子脱落的瞬间 C 相母排（裸导体）弹开接触到隔离挡板，导致 C 相短路接地，造成低压交流母线短路。

2014 年 7 月，110kV 某变电站火灾报警信号动作，现场检查发现保护室交流低压柜内有火光和放电声，断开厂用变压器电源后，进行灭火处理。经现场勘察发现，站用交流电源系统所供生活用电电缆馈出回路采用铝电缆，而低压屏元件都采用铜质材料。经过长期运行，铜、铝结合部分严重氧化，导致铜铝连接处的接触不良，在负荷较大时发热、起火，导致了此次事故。图 5-16 是事故现场的照片。

图 5-16　铜铝连接处接触不良引起的火灾现场图

5.4　低压交流断路器

低压交流断路器是发电厂和变电（换流）站用低压交流用电系统的操

作和保护装用量最大的设备器件，要求其不但能满足不同工况下供电回路的正常持续运行和必要的转换操作，还需要在供电设备出现异常时有选择地切除故障，保障系统的安全稳定。在选择时应依据断路器的额定短路分断能力、额定短路接通能力、安装地点的系统电压、操作和保护的设备特性、使用环境以及上下级选择性等要求进行。随着技术的发展，现在的市场中有各种形式、各种功能、各种价位的低压交流断路器可供选择，可结合工程需求来进行设计选择。

5.4.1 低压断路器介绍

低压断路器作为控制电器用来接通和分断负载电路，控制不频繁启动的电动机，满足供电负载的正常运行。低压断路器作为保护电器，一般配置有过电流脱扣器、欠（失）压脱扣器、热继电器等器件，用于实现对负载设备或供电回路出现短路、过载、欠（失压）等异常状态的故障切除和设备隔离。目前发电厂和变电（换流）站用低压交流系统中，使用的断路器按结构主要分为框架式断路器（万能式断路器）、塑壳式断路器和微型断路器三类，见图5–17。

图 5–17　三类低压断路器实物图

（1）框架式断路器的结构部件安装在同一块底板或框架上，可安装多种类型的脱扣器。其特点是分断能力较大，最高达150kA；工作电流一般在几百安培到几千安培之间，多适用于大容量的断路器；极限分段能力高，具备足够的短时耐受电流能力，功能完善，具备选择性保护。该设备通常用于电源总路或大电流支路的主开关。特别是近年来随着计算机技术的发展，程序控制以及智能化的设备逐步得到应用，框架断路器向着高性能、易维护、网络化的方向在不断发展。

（2）塑壳式断路器的结构部件安装在一个塑料外壳内，将触头、灭弧系统都放在绝缘小室中，保证触头系统能够可靠分断，有体积小、结构紧凑的特点。其分断能力最高为 50kA，工作电流通常为 10～1600A。热磁式提供两段式保护，电子式提供四段式保护。它们的功能都较为简单，且价格低，主要于小容量站用变压器的电源支路。

（3）微型断路器相对上述两类断路器而言其容量最小，但体积小、结构简单。由于分断能力有限，最高分断能力为 20kA，工作电流通常为 1～125A。常规微型断路器只具备两段式保护，通常配置在供电末端负荷处，使用范围广。

根据断路器中脱扣器的实现方式，低压断路器又可以分为为电磁式和智能式两种。

（1）电磁式低压断路器中的各类保护功能，如电流保护、过负荷保护以及电压保护是通过热磁元件实现的，此类脱扣期由于依靠热磁等测量元件，因此产品分散性较大，目前多用于塑壳断路器中。典型的低压断路器功能原理如图 5–18 所示。

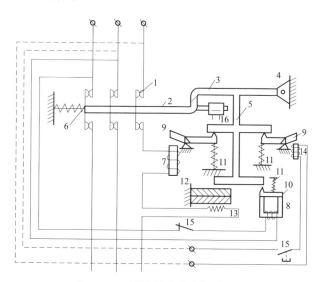

图 5–18　低压断路器功能原理图

1—主触头；2—锁扣；3—卡扣；4—转轴；5—杠杆；6、11—弹簧；7—瞬时脱扣器；8—欠压脱扣器；
9、10—衔铁；12—热双金属片；13—热脱扣器电热丝；14—分励脱扣器；15—按钮；16—闭合电磁铁

（2）智能式低压断路器如图 5-19 所示，是指通过智能控制实现电流保护和过负荷保护（部分厂家也有电压保护功能）的一种智能开关设备，其智能控制期相当于小型的保护装置。目前框架式断路器多采用智能式，塑壳断路器中也有部分应用。

必须指出的是，智能式断路器虽然能够集成各类保护，但大多数厂家在断路器中仍采用电磁式的欠电压脱扣器。

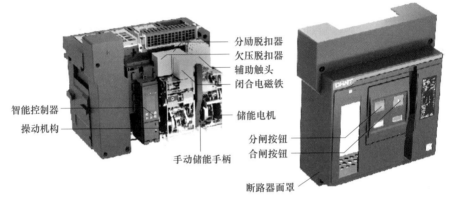

图 5-19　智能式低压断路器实物

5.4.2　断路器短路开断能力

作为低压交流电源系统的保护电器，断路器的额定短路开断电流要大于安装地点预期的短路电流值（周期分量的有效值），这是配置断路器的一个基本要求。但需要注意的是断路器的短延时开断能力一般情况下比它的瞬时开断能力要差，比如型号为 DW15-630 的断路器在 380V 时的瞬时开断能力为 30kA，而短延时下的开断能力仅为 12.6kA。因此，当利用断路器本身的短延时过电流脱扣器作为短路保护时，是按照断路器在相应延时下的短路分段能力来校验是否能开断安装点的该延时下的短路电流的。当断路器另装置继电保护时，有些情况下为了满足上下级差配合的需要或因保护固有动作时间的延长，使得保护动作时间超过断路器短延时脱扣器的最长延时，这时需要征询制造厂来确定断路器的延时开断能力。

对于动作时间大于 4 个周波的断路器（对于 50Hz 为 0.08s），低压异步电动机在短路切除时的反馈电流值可以忽略不计入预期短路电流值。这时因为，低压异步电动机的短路反馈电流衰减很快，经计算 0.01s 时周期分量幅值衰减至起始值的 77%，0.03s 时衰减至起始值的 47%，0.08s 时衰减至起始值的 13.5%；而非周期分量的衰减更快。实际在发电厂、换流站中，低压电动机均接有较长的电缆，计及电缆影响，对于动作时间大于 4 个周波的断路器，电动机的反馈电流已衰减至 3% 以下。所以，在验证断路器额定短路开断能力时，对于动作时间大于 4 个周波的断路器，可不计异步电动机的反馈电流。

此外，还需注意安装地点的短路功率因数对断路器开断能力的影响。一般要求断路器安装地点的短路功率因数值不能低于断路器的额定短路功率因数，否则需要征询产品制造厂家的意见或应将断路器的额定短路分段能力留有适当的裕度。这是因为断路器的短路开断能力是在一定的功率因数下试验通过的，当安装地点的短路功率因数值低于此值时，断路器的短路开断能力将受到影响。安装地点的短路功率因数越低，短路电流中的电感性分量越大，在断路器分断短路电流的过程中，通过电弧释放出来的电感能量就越大；功率因数越低，在电流过零瞬间加在触头两端的工频电压越接近最大值，恢复电压越大；功率因数越低，非周期分量时间常数越大，短路非周期分量衰减越慢，这三点都使短路电弧难以熄灭。但目前，制造厂尚提不出短路功率因数低于额定值影响开断能力的确切数据，故在选择断路器或熔断器时，只能将其开断能力留有适当裕度。根据分析，短路电流经过低压电缆段后，回路的电阻值增加，功率因数提高，因此出现功率因数最小值的短路点，即影响开断能力最严重的情况是发生在发电厂和变电（换流）站用变压器出口处短路时。

5.5 低 压 电 缆

根据对上百个电厂和变电站的调研，因电缆绝缘降低而造成低压系统事故的情况仍屡见不鲜，是影响系统可靠运行的一个薄弱环节，这与电缆的选型、敷设以及与保护电器的配合都有关系。在设计过程中，低压电缆不仅需要根据供电回路的电压、电流、电压损失、热稳定、敷设环境和使用条件等进行选择，还应满足与保护电器的配合要求，是一个系统而复杂的过程。本节主要从工程应用的角度出发，对发电厂和变电（换流）站中常用的电缆进行简单介绍并探讨一些存在的问题。

根据目前的电缆制造技术水平和实际工程应用情况，发电厂和变电（换流）站低压交流用电系统中的大容量、重要负荷回路推荐采用铜芯交联聚乙烯电力电缆。采用铜芯电缆可减少电缆根数及其电缆头数量，且其连接的接触面也比铝芯可靠；采用交联聚乙烯电缆是由于其具有电缆缆芯运行温升高、载流量大（与聚氯乙烯电缆相比可减少电缆根数和截面积）、老化慢、寿命长、电气性能好等优点，有利于电缆的安全、可靠运行。而对于消防、地下厂房通风、事故照明、自动控制、远动通信及电子计算机系统等重要负荷回路，需要采用阻燃型铜芯电缆来提高运行可靠性及防止火灾蔓延。

采用三相四线制的电力发电厂和变电（换流）站低压用电系统网络，根据所接负载的不同，供电回路有三芯电缆和四芯电缆供选用。对接有单相负荷的照明、加热器、单相电焊机等的回路，中性线（N线）为工作线并有工作电流（包括谐波电流）通过，不论其电流大小，为保证供电的安全性需要采用四芯电缆。当仅接有三相平衡负荷（如三相电动机负荷）的分支回路，则采用三芯电缆外加与相线分开另外敷设的导体（如接地网络扁钢）作为保护线（PE）线，但是若此导体的电导值不能满足回路单相接地短路保护的灵敏度要求时，则需要选择用四芯电缆。

在电缆的选用中经常遇到一个问题，即当按照设计手册及相应标准计算出来的电缆导体截面积对于实际正常运行的电流而言，其裕量非常大。工程应用中实际需要留有多少裕量就能保证正常运行，是个值得探讨的问题。根据部分单位多年的经验，发电厂和变电（换流）站低压交流用电系统中不是所有的导体截面积都要按经济电流密度选择。以水力发电厂为例，水力发电厂约有50%~70%的低压厂用电设备不是长期和经常满容量运行的，只有少数设备处于经常运行状态，且其中大部分设备的运行方式是间歇性的，厂用电负荷的同时率和负载率很低，因此这部分运行状态的电缆若不按经济电流密度选择截面，其投资的经济性会得到较大的提高。据调查，已有设计单位采用最大持续工作电流来计算选择电缆导体截面积，所以如何合理地计算选择电缆的导体截面积还需要作进一步探讨，并达成共识。

电缆的敷设对电缆的正常运行至关重要。不当的敷设可导致电缆绝缘降低或破损，并可能会在长期运行中引发事故。对于供电线路较长或几经弯曲的回路，其电缆的外护层需要具有相当的防止弯曲损害的机械性能，如采用塑料护套带钢带铠甲的电缆，此类电缆对增加铺设安装难度的影响不大，但可以较大程度地提高电缆运行的可靠性。此外，为了防止发电厂和变电（换流）站内的事故扩大，发电厂和变电（换流）站用变压器的高压电缆不能与低压动力电缆同沟敷设，如果必须采用同沟敷设则应设置有效的防火措施。考虑到控制负荷的重要性，控制电缆与低压动力电缆也需要分层敷设。此外，尽可能减少电缆管路的预埋，采用桥架明敷的方式，全厂贯通，以方便电缆的敷设。

6

可靠性分析

本章对影响发电厂和变电（换流）站用低压交流系统可靠性的几个关键点进行了深入的论述，包括中性点接地方式、交流保安电源、交流不间断电源和四极断路器的应用。并针对变电站单站用电源可靠性提升措施、欠电压脱扣器对站用电系统可靠性的影响、发电厂和换流站低电压穿越等问题进行了分析和阐述。

6.1 中性点接地方式对系统可靠性的影响

在第 3 章和第 4 章中对发电厂和变电（换流）站用低压交流系统进行了介绍，在发电厂的低压交流厂用电系统的中线点接地方式有中性点直接接地、中性点不接地方式，而变电站和换流站的低压交流站用电系统的中性点一般采用中性点直接接地方式。本节将对两类接地方式的特点以及低压系统接地方式的选择进行介绍。

6.1.1 中性点直接接地

采用中性点直接接地方式的低压交流系统，发生单相接地故障时有以下特点：

（1）中性点不发生位移，防止了相电压出现不对称（400V 系统中相电压不应超过 250V）；

（2）保护装置会立即动作（如断路器跳闸），切除短路电流。

对于采用中性点直接接地方式的低压交流系统在设计和设备选择上需要注意：

（1）为了获得足够的灵敏度，要躲开设备启动的冲击电流（如电动机的启动电流），当自动开关的过流瞬动脱扣器不能躲开冲击电流时，需要加装零序电流互感器构成单相短路保护；

（2）对于熔断器保护的电动机，为了满足馈线电缆末端单相接地短路电流大于熔体额定电流的 4 倍的要求，需加大电缆截面或改用四芯电缆。尤其是在大容量远距离电动机供电回路中，单相短路电流与电动机额定电流相差无几，为使熔断器在电缆末端单相接地时仍能动作，除了尽量采用大截面电缆外，还需使用四芯电缆，以降低回路的零序阻抗，使单相短路电流尽可能地大，来满足回路熔断器动作灵敏度的要求。

6.1.2 中性点不接地系统

低压厂用电系统中性点不接地或经高阻接地的方式如图 6-1 所示。两种接地方式均属中性点不接地范畴，简称不接地系统。

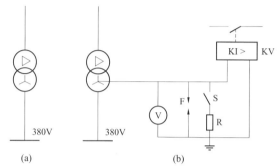

图 6-1 低压厂用电系统中性点不接地或经高电阻接地方式
（a）中性点不接地；（b）中性点经高电阻接地及保护接线示意
S—转换开关；R—接地电阻；F—放电间隙；KV—电压继电器

中性点不接地系统的供电网络优越性表现为：

（1）单相接地故障时不要求回路熔断器动作，可以避免在中性点接地系统中所存在的因单相接地电流太小，无法满足熔断器动作灵敏度的要求的情况。但是，当电缆长度达到 180m 及以上时，无论是加大电缆截面，还是采用四芯电缆，都无法满足熔断器动作灵敏度的要求，而这种电缆长度在大型发电厂是很常见。采用低压中性点不接地系统后，单相接地时仅为电容电流，由于不要求保护立即切除接地回路，所以上述问题可以得到一定程度的缓解。

（2）发生单相接地故障时回路保护的熔断器不用动作，因两相运行烧毁电动机的故障率相对减少。

在中性点接地系统中由熔断器保护的电动机回路上，一旦发生单相短路，单相短路电流熔断了接地相熔断器后，电动机即转入两相运行。由于两相运行故障电流一般并不太大，不能使熔断器剩下的两相再动作，此时只有用热继电器来跳开回路接触器以断开电源。但是在负荷率仅 55%～78%

的三角形接线电动机上，如发生两相运行状态，则可能出现在电动机内部有一相绕组过负荷但继电器又未到动作值而不能断开电源的情况，时间一长便可能烧毁电动机绕组。另外，对星形接线的电动机，在断相运行中剩余两相熔断器不动作时也会发生烧坏电动机的事故。

（3）馈电电缆发生单相接地故障时，允许继续运行一段时间，给运行人员以较多的处理事故时间。

（4）在小容量变压器供电的系统中，由于中性点不接地系统的单相接地电流很小，在发生人身触电事故时造成的烧伤及生命危险相对减少。

（5）可以防止在低压母线上乱接民用负荷，以减少低压厂用电系统的故障率。

发电厂低压交流用电系统中的电容电流主要来自于电缆对地的等效电容。在中小型机组中，由于受供电范围及开断设备参数的限制，一台低压厂用电变压器的容量为 1000～1250kVA，电缆长度有限，所以低压系统的电容电流可以忽略不计。但大机组的低压厂用变压器容量已上升到 2000kVA，电缆网络扩大，加之采用中性点不接地系统，因此低压厂用电系统的电容电流必须予以充分重视。

当使用无铠装全塑电缆时，其对地电容电流极小，可近似认为等于零。当使用金属保护层的铠装电缆时，其每相对地电容值见表 6-1。

表 6-1　　　　　　　　　　1000V 铠装电缆每相对地电容值

电缆截面积 （mm²）	10	16	25	35	50	70	95	120	150	185
每相对地电容 （μF/km）	0.35	0.4	0.5	0.53	0.63	0.72	0.77	0.81	0.86	0.86

按变压器容量分别为 1000kVA 和 2000kVA，对应的电缆的总长度最大约为 6km 和 11km，设电缆平均截面积为 70mm²，分别计算最大单相电容电流值。

对应 1000kVA 变压器，最大单相电容电流 I_{Cmax} 为

$$I_{Cmax} = \sqrt{3}U_{max}\omega C = \sqrt{3} \times 400 \times 2\pi f \times 0.72 \times 6 \times 10^{-6} = 0.94A \qquad (6-1)$$

对应 2000kVA 变压器，最大单相电容电流 I_{Cmax} 为

$$I_{C\max} = \sqrt{3}U_{\max}\omega C = \sqrt{3}\times 400\times 2\pi f\times 0.72\times 11\times 10^{-6} = 1.724\text{A} \quad （6-2）$$

式中 $I_{C\max}$——单相电容电流最大值，A；

$\quad U_{\max}$——低压厂用电最高电压，V；

$\quad C$——每相对地电容。

实际上，即便是采用金属铠装电缆，整个低压厂用电系统的电容电流还是很小，而且投入和退出几段 MCC 引起的电容电流变化也较大。所以从保护的角度出发，如果低压厂用电系统不采用中性点直接接地的方式，则最好采用中性点经高电阻接地，以加上一个电阻性电流，使单相接地时的电流足够大，确保接地报警装置的可靠动作。

6.1.3 中性点直接接地与不接地系统安全性的分析

在中性点直接接地系统中，当人手接触某相导体时，流过人体的电流 I_R 为

$$I_R = \frac{U_{ph}}{R_R}\times 1000 \quad （6-3）$$

式中 I_R——通过人体的电流，mA；

$\quad U_{ph}$——相电压，V；

$\quad R_R$——人体电阻，Ω。

将 R_R=2000Ω 代入式（6-3），可得 I_R=110mA。

将 R_R=4000Ω 代入式（6-3），可得 I_R=55mA。

可见，在中性点直接接地系统中，如发生人体与单相带电导体接触的事故，流过人体的电流约为 55～110mA。

而在中性点不接地系统中，当人体误碰某一相（如 A 相）导体时，流过人体的电流 I_R 应为

$$I_R = \frac{U'_A}{R_R}\times 1000 \quad （6-4）$$

式中 U'_A——A 相对地电压，V。

低压中性点不接地系统人体触电时的等效电路如图 6-2 所示。由图可得

$$U'_A = U_A - U_{NN'} \quad （6-5）$$

$$U_{NN'} = \frac{U_A Z_A + U_B Z_B + U_C Z_C}{Z_A + Z_B + Z_C} \tag{6-6}$$

式中　　U_A'——A 相对地电压，V；

　　　　$U_{NN'}$——中性点对地电压（零点电位漂移值），V；

U_A、U_B、U_C——A、B、C 三相的相电压，V；

Z_A、Z_B、Z_C——A、B、C 三相回路的阻抗，Ω。

由于 $Z_A = Z_B = Z_C = j\omega C$，$Z_A = \frac{1}{R_R} + j\omega C$，则

$$U_{NN'} = \frac{\dfrac{U_A}{R_R}}{\dfrac{1}{R_R} + j\omega C} \tag{6-7}$$

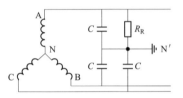

图 6-2　低压中性点不接地系统中人体触电时的等效电路

例如，电厂内一台 1000kVA 变压器的馈电网络有 5～6km 电缆，一台 2000kVA 变压器的馈电网络有 10～11km 电缆。按电缆平均截面 70mm² 计，可知低压电缆的电容量为 0.72μF/km，则单相电容 C 为：

对于 1000kVA 变压器，$C_1 = 0.72 \times 6 = 4.32\mu F$；

对于 2000kVA 变压器，$C_2 = 0.72 \times 11 = 7.92\mu F$。

将上述电容值和 $R_R = 2000～4000\Omega$，$U_A = 220V$ 代入式（6-7）。

对于 1000kVA 变压器，取 $R_R = 2000\Omega$，则

$$U_{NN'} = \frac{\dfrac{220}{2000}}{\dfrac{1}{2000} + 3 \times 2\pi f \times 4.32 \times 10^{-6}} = 24.07\,(\text{V}) \tag{6-8}$$

所以 $U_A' = U_A - U_{NN'} = 220 - 24.07 = 195.93\,(\text{V})$

$$I_r = \frac{195.93}{2000} \times 10^3 = 97.97 \text{（mA）} \tag{6-9}$$

如取 $R_R = 4000\Omega$，根据同样的计算，可得：$U_{NN'} = 12.73\text{V}$，$I_r = 51.8\text{mA}$。

对于 2000kVA 变压器，取 $R_R = 2000\Omega$，则

$$U_{NN'} = \frac{\dfrac{220}{2000}}{\dfrac{1}{2000} + 3 \times 2\pi f \times 7.92 \times 10^{-6}} = 13.82 \text{（V）} \tag{6-10}$$

所以 $U_A' = 206.18\text{V}$，$I_r = 103.09\text{mA}$。

如取 $R_R = 4000\Omega$，则可得：$U_{NN'} = 17.13\text{V}$，$I_r = 53.22\text{mA}$。

可见，在低压厂用电中性点不接地系统中，如变压器容量足够大，也不能保证人身触电时的安全。相对于 1000kVA 和 2000kVA 变压器，流过人体的电流为 51.8～103.09mA。与中性点直接接地系统相比较（55～110mA），相差无几。而流过人身的电流达到 80～100mA，心脏就会发生心室纤维颤动，所以对人身安全都有很大的危险。

采用中性点不接地系统，需设置许多 380V/220V 干式变压器，这不仅使投资升高，而且也使接线复杂，增加了低压供电网络的故障率。即使在主厂房内将照明等主要 220V 电源以单独的系统独立出来，但高压开关及电动机的加热器等所需电源仍不能解决。

从上述分析中可知，低压厂用电中性点无论接地或不接地，都各有其优越性，也各有其缺点，需根据实际情况来确定和选择。

6.1.4 中性点直接接地后应采取的措施

为解决在低压中性点接地系统中较长线路的单相短路电流太小的矛盾，可在低压厂用电系统采用 Dyn 接线的变压器，以尽量减少变压器的零序阻抗。

设一台 Yyn 接线的变压器变比为 1:1，一、二次绕组的容量相同。如图 6-3 所示，当变压器二次侧单相接地故障时，其正序阻抗与负序阻抗相等，即 $X_1 = X_2$，而零序阻抗 X_0 为（5～8）X_1。这样，短路电流 I_k 为

$$I_k = \frac{3E}{X_1 + X_2 + X_0} \tag{6-11}$$

式中　E——零序电势。

当 $X_0=5X_1$ 时，$I_k=\dfrac{3E}{7X_1}$；

当 $X_0=8X_1$ 时，$I_k=\dfrac{3E}{10X_1}$。

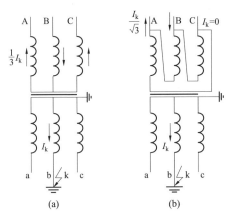

图 6-3　厂用电变压器低压侧单相短路时各绕组电流的分配

（a）Yyn；（b）Dyn

因变压器的一次侧无零序回路，故当 $X_0=5X_1$ 时，相应于短路相（B 相）的一次侧短路电流 I_B 为

$$I_B=\frac{2}{3}I_k=\frac{2}{3}\cdot\frac{3E}{7X_1}=\frac{2E}{7X_1} \tag{6-12}$$

其他两个非短路相的短路电流 I_C、I_A 为

$$I_C=I_A=\frac{1}{3}I_k=\frac{1}{3}\cdot\frac{3E}{7X_1}=\frac{E}{7X_1} \tag{6-13}$$

当 $X_0=8X_1$ 时，短路相的一次侧短路电流 I_B 为

$$I_C=\frac{2}{3}I_k=\frac{2}{3}\cdot\frac{3E}{10X_1}=\frac{E}{5X_1} \tag{6-14}$$

其他两个非短路相的短路电流 I_C、I_A 为

$$I_C=I_A=\frac{1}{3}I_k=\frac{1}{3}\cdot\frac{3E}{10X_1}=\frac{E}{10X_1} \tag{6-15}$$

同样，当采用 Dyn 接线的变压器时，如果其二次侧发生单相接地短路，

则其阻抗 $X_1=X_2=X_0$，短路电流 I_k 为

$$I'_k = \frac{3E}{X_1+X_2+X_0} = \frac{E}{X_1} \tag{6-16}$$

因为变压器一次侧有零序回路，故对应的一次侧 A、B 两相的短路电流 $I'_A = I'_B = I_k/\sqrt{3}$，另一非故障相 C 相一次侧短路电流 I'_C 为零。

将上述相同情况下 Dyn 接线变压器与 Yyn 接线变压器相比较，其一次侧短路电流的比值为当 $X_0=5X_1$ 时

$$\frac{I'_A}{I_A} = \frac{\dfrac{I_k}{\sqrt{3}X1}}{\dfrac{1}{3}\cdot\dfrac{3E}{7X_1}} = \frac{7}{\sqrt{3}} \tag{6-17}$$

$$\frac{I'_B}{I_B} = \frac{7}{2\sqrt{3}} \tag{6-18}$$

当 $X_0=8X_1$ 时

$$\frac{I'_A}{I_A} = \frac{\dfrac{I_k}{\sqrt{3}X1}}{\dfrac{1}{3}\cdot\dfrac{3E}{10X_1}} = \frac{10}{\sqrt{3}} \tag{6-19}$$

$$\frac{I'_B}{I_B} = \frac{5}{\sqrt{3}} \tag{6-20}$$

由上述计算结果分析可知，当 Dyn 接线的变压器二次侧发生单相接地短路时，其短路电流较 Yyn 接线的变压器约大 2.33～3.33 倍。而反应到一次侧的短路电流，前者也比后者大 2.02～5.77 倍，从而使保护装置的灵敏度相应地有所提高。可见，在低压中性点直接接地系统中采用 Dyn 接线的变压器，是减少回路零序电阻提高保护装置灵敏度的一个重要措施。

在 PC-MCC 的电动机回路中采用低压断路器或带微动开关的熔断器，则是防止两相运行烧坏电动机的有效方法。

6.2 交流保安电源对系统可靠性的影响

本节将进一步深入探讨交流保安电源采用外部电源引接、直流–交流逆变机组和柴油发电机组的三种获取方式，以及每种方式各自的特点。

6.2.1 外部电源引接

与发电厂连接且又相对独立、可靠的外部电源实际是很少存在的，所以目前在大型电厂设计中已极少采用，一般是作为备用保安电源引入。

6.2.2 直流–交流逆变机组

由于逆变机组总在运行状态，其元件（尤其是直流电机的碳刷和整流环）的磨损率很高，维护工作量较大。而且逆变机组本身及供其电源的蓄电池容量有限，一般只能勉强满足 200MW 机组的保安电源要求，所以现在采用直流–交流逆变机组作为保安电源的电厂不太多。

6.2.3 柴油发电机组

对于一般的工商企业及公用建筑，停电后数分钟内将柴油发电机组启动起来恢复供电便可满足要求。但发电厂要求在保安段失去工作电源后 15～20s 的时间内，柴油机组就应向保安段供电，使保安负荷逐次恢复运行，因此需求的是快速自启动柴油发电机。同时发电厂还对柴油机组的过载能力、首次加载能力、最大电动机启动的电压水平调整等都有相应的要求，很多所谓的快速自启动的柴油发电机满足不了上述要求，也是不少电厂的保安柴油发电机不能发挥保安电源作用的原因。

从目前安装柴油发电机的电厂运行情况分析，保安电源能否在事故时快速启动，并顺利地带上负荷，与日常的维护有很大的关系。一个电厂的柴油发电机太多时，由于检修人员有限，很难使每台柴油发电机都处于良好的待启动状态。所以，当一次建设的同型机组较多时，以两台机组合用一台较大容量的柴油发电机为好。此时，由于柴油发电机的单机容量大了，允许一次自启动的负荷容量增加，可大大加快保安负荷的投入时间，并能有效地降低大负荷启动时的母线电压波动。

6.3　交流不间断电源对系统可靠性的影响

6.3.1　UPS 装置介绍

在发电厂或变电中配置的低压交流不间断电源（UPS）主要为交流不间断负荷供电。如图 6–4 所示，UPS 装置主要由输入隔离变压器、逆变器、整流器、输出隔离变压器以及静态开关等原件构成，形成交流电源输入回路、直流电源输入回路以及旁路交流电源输入回路。根据需要，UPS 装置可运行于正常交流供电模式、直流供电模式和旁路交流供电模式。

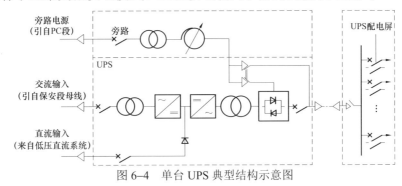

图 6–4　单台 UPS 典型结构示意图

正常运行时（正常交流供电模式），交流输入回路供电，输入的交流电压经整流变为直流电压，再经逆变转换为标准正弦波输出；当交流输入失电时（直流供电模式），由直流输入回路供电，即由蓄电池组供电，UPS 输出不中断；当 UPS 的逆变器发生异常状况而旁路交流电源正常时，经电子静态开关在 5ms 内切换至旁路交流输入回路供电（旁路交流供电模式）。

6.3.2　UPS 的连接方式

在发电厂、变电站的低压电源系统中，为了提高单台 UPS 的可靠性往往将两台 UPS 装置串联或并联运行；随着技术的发展，还出现了多台 UPS

模块以"*N*+1"的方式并联运行。

1. 串联连接

两台 UPS 串联构成的冗余连接如图 6-5 所示。图中，UPS B 为主机，UPS A 为从机，UPS A 的输出接至 UPS B 的旁路输入。正常时，由 UPS B 供电；当其故障时自动转为 UPS B 的旁路供电，即 UPS A 供电，从而实现不间断供电。而当 UPS A 也故障时，由 UPS A 的旁路方式给负载供电，即旁路电源供电。UPS A 和 UPS B 的交流输入和交流输出均采用工频变压器隔离，降低了交流电源与直流电源间的互相干扰。维修用旁路开关的辅助接点与 UPS 的控制信号相连，实现防误操作的闭锁功能。

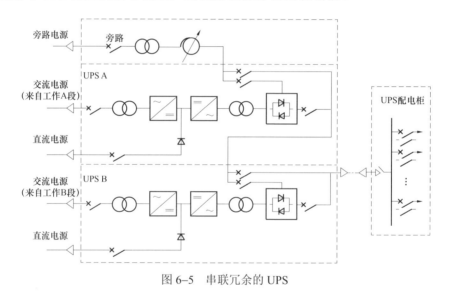

图 6-5 串联冗余的 UPS

2. 并联连接

并联连接是将两台同型号、同功率 UPS 装置的输出端连接在一起，共同分担负荷。如图 6-6 所示，正常情况下，两台 UPS 平均分配负荷；当一台 UPS 故障后，由另一台 UPS 装置承担全部的负荷。馈线分段的并联冗余 UPS 见图 6-7。

并联连接的 UPS 有以下几种控制方式：

（1）集中控制。并联控制单元检测旁路电源的频率和相位，给每个 UPS 发出同步脉冲信号，但并联控制单元失效将导致整个并联系统瘫痪。

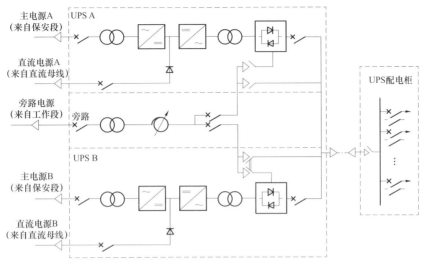

图 6-6　并联冗余的 UPS

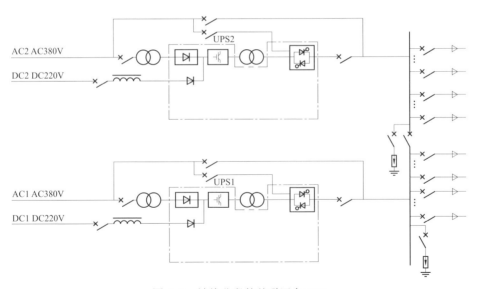

图 6-7　馈线分段的并联冗余 UPS

（2）主从控制。选择并联系统中的一台 UPS 作为主机，实现并联控制单元的功能，其他 UPS 为从机。从机受主机的控制，任意一台从机出现故障，均不影响系统的正常供电。主机故障，可将一台从机切换成为主机，实现并联控制功能。

（3）无主控制。也称分散控制，并联系统中各台 UPS 地位相等，无主从之分，系统中任一台 UPS 既是主机也是从机，某台 UPS 一旦发生故障，该台 UPS 自动退出系统，而其余 UPS 不受影响。

3. 模块化"$N+1$"并联

系统由并联型 UPS 模块及交流切换监控装置构成，UPS 模块采用"$N+1$"冗余并联方式运行。如图 6-8 所示，采用分散控制策略和无主均流技术。

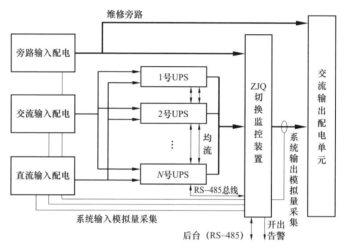

图 6-8 "$N+1$"并联冗余 UPS

在多模块冗余并联输出时，系统具有 $1/N$ 的冗余量。当某个模块发生故障时，负载由其他模块分摊，提高了系统的可靠性。

6.3.3 连接方式的比较分析

串联连接方式的系统结构简单，主机逆变器工作效率高，节约能源，经济性较高。但当主机静态开关发生故障时，会导致供电中断。从机长期处于空载备用状态，不易发现故障。主、从机切换时，从机由空载转至满载运行，整流器和逆变器将受到大电流的冲击，易损坏。

并联连接方式分散控制的过载能力和动态性能都比串联连接方式好，各 UPS 独立地控制电压与相位，没有公共控制部分，增容方便。当并机系统发生故障时，则整个系统供电中断，但采用馈线带分段时，系统可靠性相应提高。

模块化"$N+1$"并联连接方式下，模块长期运行，设备利用率较高。$N+1$个模块并联运行且平均分配负荷，模块增减可以不停机热拔插，对负载的供电影响小，系统可靠性高。

并联连接馈线带分段是较常用的一种方式，模块化"$N+1$"并联连接方式技术相对较新，但串联连接方式是系统结构最简单一种连接方式。在设计中还需要根据供电负荷的性质，综合考虑可靠性与经济性要求，选择 UPS 的连接方式。

6.3.4 发电厂和变电（换流）站用 UPS 的特别要求

发电厂和变电（换流）站用 UPS 是电力专用交流不间断电源系统。该系统基本采用集中供电方式，经配电柜引接有十几至几十条回路输出。由于个别用电设备发生短路故障导致整个 UPS 停电的风险极大，所以需要连接短路负载的 UPS 具备足够大的容量，才能使发生短路故障回路的断路器跳闸，来保证其他供电回路的正常工作。因此这些配电柜馈出断路器的设计选型特别需要严格满足级差配合要求，以确保其选择性和灵敏性。

由于发电厂和变电（换流）站用 UPS 的直流电源一般接引的是直流电源系统中的蓄电池组，直流母线还担负着控制、信号等重要直流负荷的供电，而大多数直流电源系统为不接地系统，因此交流侧发生的故障不仅不能影响到直流母线，更不能造成直流母线接地。

鉴于发电厂和变电（换流）站用 UPS 供电负荷的重要性，需设置维修用旁路开关，以保证维修及更换 UPS 过程中能正常供电，而且还要保证 UPS 在任何运行模式下操作维修用旁路开关均不会造成设备的损坏。

总之，发电厂和变电（换流）站用 UPS 的保护特性、结构方式等方面的要求均不同于常规的 UPS，其连接方式、负荷统计计算、交直流电源引接、保护和监控、接地、设备布置及环境、技术参数指标都将影响 UPS 的安全可靠性，如在对 UPS 负荷侧保护电器计算短路电流时，是否记入 UPS 的阻抗，以及有 UPS 的 AC/DC、DC/AC 模块，短路电流是否转移到负荷侧

等，都是会影响保护电器的选择性而需要考虑的。通用的 UPS 技术规范已不能完全满足发电厂和变电（换流）站站用低压交流配电系统设计要求，还应有电力专用交流不间断电源系统的规范性文件应用于电力工程，去规范和指导设备制造和工程设计。

6.4　变电站单站用电源可靠性提升措施

一般 220kV 及以上变电站基本为双主变双站用变或三站用变压器运行，即使单主变压器的 220kV 变电站也会采用站外电源进线作为第二路可靠电源使用，不会出现单站用电电源的情况。但对于 110kV 及以下变电站，由于供区内用电负荷有限，在规划、设计之初考虑到投资回报和设备运行的经济性，这些变电站采用了仅装设一台主变压器和一台厂用变压器的"单主变、单站用变"设计方案。而随着供区对供电可靠性要求的提高，这些单站用电源的变电站已不能满足低压站用电系统可靠性的要求。本节将针对变电站单站用电源的低压站用电系统可靠性提高措施进行讨论，并最终给出一些建议。

6.4.1　提升单站用电源可靠性的方案

1. 本站进线 T 接方案

对于有两回高压进线，其中一路进线为备用电源的变电站，在作为备用电源的高压进线上通过 T 接方式新增一台站用变压器，其实现方式如图 6-9 所示。新增的站用变压器低压侧经低电压电缆引接至站用低压交流母线，作为第二路低压站用电源与原先的低压电源共同接入 ATSE 或其他电源切换装置，实现明备用或暗备用的运行方式。

新增的站用变压器需要 T 接在该进线断路器的进线端，在 T 接点与站用变压器之间装设高压熔断器和避雷器用以实现高压侧保护。这样无需改变变电站原来的运行和保护方式，就可为低压站用电系统提供备用电源。该方案对进线为 35kV 及以下的变电站比较适用。

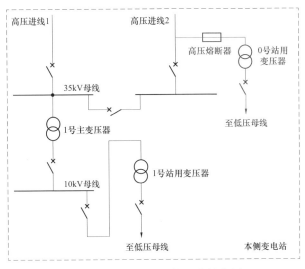

图 6-9　高压进线 T 接方案接线图

2. 本站出线 T 接方案

对本站有配电环网的联络出线,但联络出线的容量作为电源进线无法承担本站全部负荷时,采用联络出线增设 T 接站用变压器的方案,如图 6-10所示。T 接位置位于联络断路器与对侧变电站出线断路器之间,高压熔断器和避雷器装设在 T 接点与站用变压器之间用以实现保护,同样无需改变变电站原来的运行和保护方式。新增的站用变压器作为第二路低压站用电源。

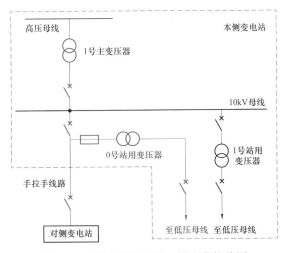

图 6-10　配电环网出线 T 接方案接线图

3. 邻站出线 T 接方案

对本站邻近有配电环网的联络出线时，采用在该配电环网的联络柜处增设 T 接线路至本站站用变压器的方案，如图 6-11 所示。高压熔断器和避雷器装设在 T 接点与站用变压器之间用以实现保护，同样无需改变变电站原来的运行和保护方式。新增的站用变压器作为第二路低压站用电源。

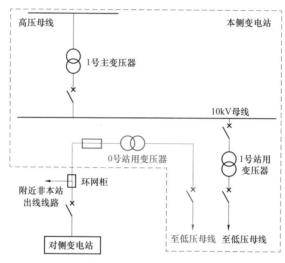

图 6-11　邻站出线 T 接方案接线图

4. 新增配网联络线方案

当上述条件都不具备时，为了提高站用电的可靠性，可以考虑新增一条配电联络出线。如图 6-12 所示，从邻近的变电站增设一条（10kV）联络线路，经联络断路器连接到本站的（10kV）母线上，在新增联络断路器和原（10kV）母线进线断路器再配置备自投装置。正常时新增联络断路器断开，由本站主变压器供给该（10kV）母线负荷（包括站用变压器）；当主变压器故障或失去电源时，通过备自投装置断开本站主变压器低压侧的断路器，闭合新增联络断路器，由新增联络线路供给（10kV）母线负荷（包括站用变压器）。

5. 区域应急发电车方案

区域应急发电车，主要适用于某个区域内有几座未采取整改措施的110kV 及以下"单主变压器、单站用变压器"变电站的情况。应急发车可作为变电站的应急电源使用，区域内任一变电站低压交流进线电源消失时，均可将应急发电车开至站上，拉开原低压交流进线电源开关，将应急发电车输出电源接入低压母线后供站用电负荷。具体接线方式见下图 6-13。

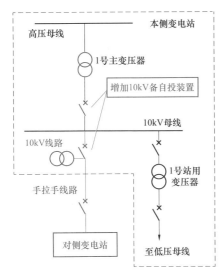

图 6-12　新增配网联络线方案

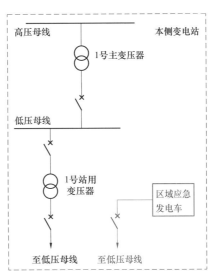

图 6-13　区域应急发电车方式接线图

6.4.2　提升方案的比较

对于提升单站用变压器的站用电可靠性，具体要选用哪种方案，需要结合该变电站及其所在区域的供电情况来判断。表 6-2 对每种措施的优缺点进行了比较和分析。

表 6-2 　　　　　　　　　　提 升 方 案 比 较 表

提升方案	优　　点	缺　　点
进线 T 接站用变压器	该种供电方式投资费用较低，电源供电可靠性高，只要有一条进线电源正常即可为该站低压交流供电，可实现备用电源快速自动投入	施工工作量较大
出线或邻站出线 T 接站用变压器	供电方式可靠性高，只要配网线路对侧站或 T 接线路变电站电源正常即可为该站低压交流供电，可实现备用电源快速自动投入	投资费用较高，如可用的配网联络柜距变电站太远，投资费用更高，施工工作量大

提升方案	优　点	缺　点
新增联络线 供电方式	供电方式投资费用低，电源供电可靠性较高，为站内负荷引入备用电源，只要配网线路对侧站电源正常即可为该站负荷供电，可实现备用电源快速自动投入	该方式对配网线路容量要求较高，需能带该站全站负荷，且如站用变故障则变电站依旧会失去交流电源
区域应急发电车	供电方式可靠性较高，施工简单，只需将应急发电车接入站内低压交流母线即可作为备用电源使用	投资费用高，需定期对应急发电车进行检查维护，车载柴油发电机在站内有一定安全隐患，无法实现备用电源自动快速投入

以上四种方案实施的主要目的是，提高站用电的可靠性，保障电网及站内设备安全稳定运行。因此，应优先考虑供电可靠性，其次是经济性，最后考虑施工工作量。四种方案选择的优先排列顺序见表 6-3。

表 6-3　　　　　　　　　整 改 措 施 建 议 表

建议优先级	整改措施	适用情况及原因
1	进线 T 接 站用变压器方式	适用于进线为 35kV 线路的变电站，从经济性、可靠性角度考虑建议优先采用此方案
2	出线或邻站出线 T 接 站用变压器方式	适用于配网供电线路难以带全站负荷或附近有非本站出线 10kV 线路的变电站，从可靠性角度考虑建议其次采用此方案
3	新增联络线 供电方式	适用于配网线路能带站用变所在母线全部负荷变电站，从经济性及施工简易性角度考虑建议第三个采用此方案
4	区域应急发电车 方式	适用于无法采用上述方案或还未采取整改措施的变电站，该方式作为临时备用电源方案，不宜长期使用，应尽快扩建变电站或优化电网结构，建设一回线路与附近线路或电源点形成互供电源

6.4.3　其他提升方案

在上述方案外，还有"设置应急柴油发电机组""引接站外可靠低压备用电源"和"架设专用高压供电线路"等方案可供选择。

1. 设置应急柴油发电机组

应急柴油发电机组方案为低压站用电源提供备用电源，接线如上图 6-14 所示，在站内设置 1 台应急柴油发电机组，将其 380V 输出电压接入站内低压母线。该方案用于有人值守变电站，当站内交流电源失电时，需人为断开原低压进线电源开关及非重要负荷，然后启动应急柴油发电机组供电。不建议将该方案用于无人值守变电站，因为若应急柴油发电机组配置了低压自启动功能时，它将无法接入 ATSE 装置与站用工作电源切换；当站用变压器上级电源故障导致站用电母线失压时，如应急发电机低压自启动，则会将电能反送到站用变压器。此外，应急柴油发电机组如果长时间不启动，若突然启动后有可能出现电压不稳的情况，无法带动站内负荷，可能会导致发电机停转或烧坏。

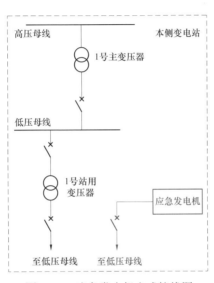

图 6-14 应急发电机方式接线图

限制该方案应用的主要原因是：

（1）该方案适用范围较窄，需现场有人值守，而目前在中国 110kV 及以下电压等级基本没有有人值守变电站；

（2）站用电源故障后，运行人员到现场手动操作接入应急柴油发电机组的方式与使用区域应急发电车方式类似，但应急发电机不如应急发电车灵活；

（3）若区域内有多于两座需要改造的变电站时，则各座变电站配置应急柴油发电机组的总投资可能会大于应急发电车。

在欧洲的变电站，由于电力网络的运营归属各个独立的公司，引接电源不如中国便利，因此他们大都采用设置柴油发电机组的方式作为保安电源或应急电源。

2. 可靠低压备用电源

可靠低压备用电源方式接线见图 6-15。

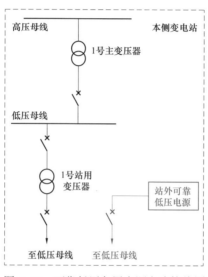

图 6-15　可靠低压备用电源方式接线图

若变电站附近有可靠的低压（400V）电源，则可将该站外低压电源接入站内 ATSE 装置，作为站内第二路交流电源使用。

该方案应用较少的原因是：

（1）一般变电站临近区域很少会有符合要求的低压电源；

（2）若站外电源较远，则会导致供电可靠性低或电能质量不满足要求。因为在变电站站外使用低压电缆，很容易造成电缆绝缘损坏或断裂，后期维护麻烦，且长距离线路会导致电压降低明显。

3. 专供高压线路

从邻近变电站引接一条专用高压线路为单站用变的变电站提供双电源供电方案，该方案实质上与 6.4.1 中新增配网联络线方案相同。如图 6-16 所示，从附近变电站的高压备用间隔引出高压线路接至本站新配置的第二台站用变。新增的站用变压器高压侧可装设熔断器保护，低压电缆敷设至交流电源屏，接入 ATSE 作为备用电源。

该方案与 6.4.1 中的方案仅可能在线路电压等级上有区别，对站用交流电源可靠性的提升效果上一致。而且随着电压等级的提高，投资费用会增高，但作为专用线路其使用率会非常低。

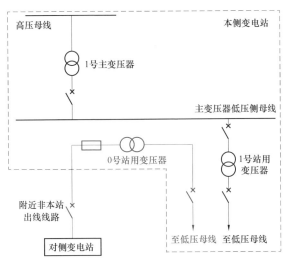

图 6-16　专供高压线路方式接线图

6.5　四极断路器的应用对系统可靠性的影响

四极断路器，即可以将 A 相、B 相、C 相和中性线 N 都开断的断路器。相应的只开断 A 相、B 相和 C 相的断路器称为三极断路器。以下将就四极断路器在发电厂和变电（换流）站站用电低压交流系统中使用的原因、条件以及存在的问题进行阐述。

6.5.1　四极断路器的作用

在三相四线回路中选用四极断路器的主要目的是实现检修时的电气隔离。在三相四线回路中普遍采用三极断路器，停电维修时切断三根相线就认为已切断电源可以安全地进行维修，但维修时依然不时发生电击伤人等事故，这是因为回路的带电导体并未做到完全隔离。电气设备的维修可分为机械维修和电气维修两类。机械维修不触及电气设备的带电导体，只需断开三根相线，机器不运转就可进行；而电气维修则可能接触所有的带电导体，包括三根相线和一根中性线。过去认为中性线系自接地的中性点引出的，它和大地是同一电位，不会引发电气事故。其实不然，中性线可能因各种原因而对地带电位，甚至带危险的电位，因此进行电气维修时不仅应断开相线，还应断开中性线，也即断开所有的带电导体，它被称作带电导体的电气隔离。

在三相四线回路中电气隔离可用四极开关来实现，也可在中性线串入一隔离板，在拉开三极开关后，拨开中性线上的隔离板来实现。所以装用四极开关并非实现电气隔离的唯一方式。

6.5.2　相线断电后中性线带电压的原因

单电源配电回路中的三极开关（包括三极的断路器、起动器和负荷开关等）断电后仍然发生电气事故的情况是不少的。三相断电后中性线带危险电压的原因很多，例如：

（1）低压供电网络内发生一相接地故障，故障电流在变电所接地极上产生电压降，使中性点和中性线对地带危险电压；

（2）保护接地和低压侧系统接地共用接地装置的变电所内高压侧发生接地故障，其故障电流同样也在接地电阻上产生电压降，引起中性线带危险电压；

（3）低压线路上感应的雷电过电压沿中性线进入电气装置内。

上述中性线上的危险电压有的持续时间长，有的电压幅值非常高，都可能在电气维修时引发电气事故，因此在发电厂和变电（换流）站用低压交流系统中应在线路的适当位置装设四极开关，或采取其他电气隔离措施。

与中性线上增加开关触头易招致"断零"烧设备的危险。采用四极开关切断中性线，可保证电气维修安全。但为此需在中性线上增加一对刀闸的活动连接点和上、下两个进出线端子的固定连接点，这是有悖于在三相四线回路的中性线上尽量减少连接点和刀闸以减少"断零"事故的电气安全要求的。

如果发现四极开关有一对触头不导电，这一对触头往往是中性线上的触头。触头间的接触电阻主要由膜电阻和收缩电阻组成，前者系由触头表面的一层化学腐蚀物、氧化物、尘埃脏物等组成的一层电阻膜，它阻碍电流的通过。当开关切断负载电流时，触头间产生电弧，这一电弧不大，并不会烧损开关触头，但能烧掉和清除触头表面的电阻膜，从而减少接触电阻。对于四极开关通常要求先断开三个相线触头，后断开中性线触头。三根相线断开后中性线上不复存在电流，中性线触头自然不会拉出电弧来清除其电阻膜，所以中性线触头的接触电阻总是大于相线触头的接触电阻。如果四极开关有一极不导电，这一极也往往是中性线的一极，这正是四极开关易发生"断零"事故的一个重要原因。

为保证电气维修时的电气安全和电气装置发挥正常功能应采用四极开关实现带电导体的电气隔离，但为减少"断零"事故的发生又应尽量少用四极开关以减少"断零"事故，这是相互矛盾的。在设计中应善于掌握分寸，正确装用四极开关。如果在一发电厂和变电（换流）站用低压交流系统中自上至下全部选用四极开关，那么恐会失之过滥，增加了发生"断零"事故的概率。

6.5.3　四极断路器的应用场合

由前述可知，采用四级断路器保证完全的电气隔离与杜绝"断零"故障是互相矛盾的。PEN 线内包含 PE 线，而 PE 线是严禁切断的，可参见 IEC 60364−4−46 461.2，因此 TN—C 系统内不允许装用四极开关，这就使得无法保证电气维修安全。可见，四级断路器的使用场合必须仔细考虑。以下就四极断路器的使用范围进行阐述。

（1）TN−C−S 和 TN−S 系统内不需四极断路器。实际上为电气维修安全而需要装用四极断路器的场所并不是很多的，例如常用的 TN−C−S 系统和 TN−S 系统就不必装用四极断路器。IEC 标准规定了在建筑物内设置总等电位联结的要求，一些未做总等电位联结的老建筑物因金属结构、管道等互相之间的自然接触，也具有一定的等电位联结作用。由于这一作用，TN−C−S 系统和 TN−S 系统可不必为电气维修安全装用四极断路器，这可用图 6−17 来说明。图中电气维修时中性线导入了对地危险电压 U_f，由于建筑物内进行总等电位联结使金属结构、管道等与 PE 线、中性线互相连通，都处于同

一 U_f 电压水平上，为维修人员触及中性线时因不存在电位差，不可能发生电击事故，也不可能打出电火花而引起爆炸和火灾事故。因此在具备总等电位联结作用的 TN-C-S 系统和 TN-S 系统的建筑物内不需为维修安全装用四极断路器。

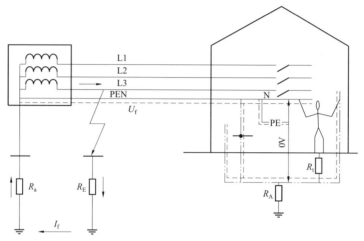

图 6-17　在 TN 系统内不需为电气维修安全装用四极断路器

（2）TT 系统内应为电气维修安全装用四极断路器。在 TT 系统内，即使建筑物内设置有总等电位联结，也需为电气维修安全装用四极断路器，这可用图 6-18 来说明。图中 TT 系统内的中性线和总等电位联结系统是不

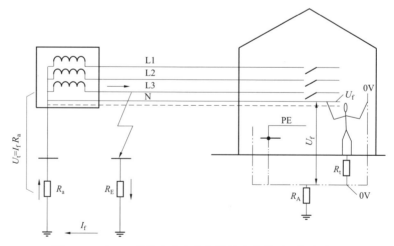

图 6-18　在 TT 系统内应为电气维修安全装用四极断路器

相连通的。当中性线带 U_r 电压进入建筑物内时，总等电位联结系统却为地电位，这一电位差将引起电气事故。因此为保证维修安全，TT 系统应在建筑物内适当线段上，例如在电源进线处装用四极断路器。这正是广泛采用 TT 系统的一些欧洲国家较多采用四极断路器的缘故。

（3）IT 系统需视具体情况为电气维修安全装用四极断路器。IT 系统一般不引出中性线，原本不存在采用四极断路器的问题。如果引出中性线，当发生一相接地故障时，中性线对地电压将为相电压 220V，电击危险甚大，因此需为电气维修安全装用四极断路器。

（4）配电变电所内总断路器和母联断路器不需装用四极断路器。

（5）附设于建筑物内或单独设置的多变压器或单变压器变电所内，如果做有等电位联结，则不论所供的为 TN–C–S 系统、TN–S 系统或 TT 系统，在变电所内都不需为维修安全装用四极断路器。

这是因为这几种系统的变压器中性点和中性线都是在变电站内直接接地。即使某中性线上有由低压网络内传导来的故障电压，但由于等电位联结的作用，如图 6–19 所示，中性线与变电所的地和其他导电部分之间并不会出现电位差，在图示备用变压器维修时，不会对维修人员构成危险，所

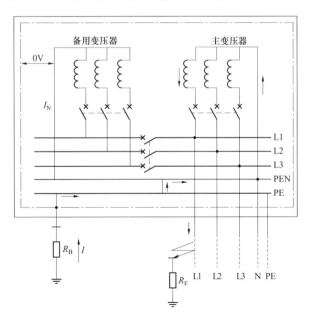

图 6–19 变电站的电源总断路器和母联断路器不必为电气维修安全采用四极断路器

123

以不必为变电所内总断路器和母联断路器装用售价高昂，又占用配电盘大量容积的四极断路器。

（6）末端双电源转换开关对断路器极数的要求。末端双电源（包括变压器电源和自备发电机电源）转换开关属功能性开关，它是否需要断开中性线与许多条件或因素有关，例如两电源回路的接地系统类别、两电源回路是否出自一组配电盘、系统接地的设置方式、电源回路有无装设 RCD、电气装置内敏感信息设备的位置、自备发电机站内发电机的台数等，情况十分复杂，因此 IEC 标准从不用一个简单的条文对它作出规定。下面试举两例来说明。

1）两电源同在一处共用同一低压配电柜，末端电源转换开关应采用四极断路器。如图 6-20 所示，一电气装置正常运行时由配电变压器供电，装有柴油发电机作为备用电源，发电机与变压器同在一处并共用同一低压配电盘，末端电源转换开关采用三极断路器。在末端电源转换开关切换电源的过程中将产生杂散电流。这时，为避免杂散电流，末端双电源转换开关应采用四极断路器。

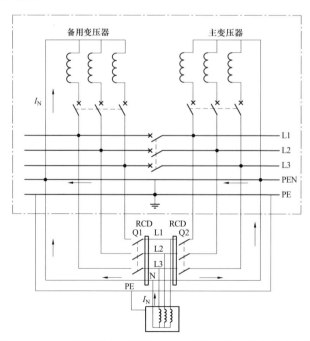

图 6-20　双电源共用配电屏的 TN-S 系统中的杂散电流路径图

从图 6-20 可知，电源转换开关 Q1 及 Q2 为三极断路器，中性线电流既可由本回路的中性线返回变压器电源，也可绕道沿备用发电机的电源线路中的中性线经配电盘的 PEN 母排返回变压器电源，这一电流即是杂散电流。这一杂散电流可引起一些不良后果，例如杂散电流的通路可形成一大包绕环，杂散电流在包绕环内产生的磁场将可能对包绕环内的敏感信息技术设备产生干扰。

如果电源转换开关 Q1 及 Q2 具有 RCD 功能，则此杂散电流将使 RCD 误动或拒动。如图 6-21 所示，因一部分中性线电流不经本回路返回变压器电源，正常电源回路电流的相量和不再为零而出现剩余电流，Q1 上的 RCD 将检测出剩余电流而误动，使 Q1 无法合闸。由于同样的原因，当末端用电设备发生接地故障时，带 RCD 功能的 Q1 本应动作，但因部分故障电流沿发电机备用电源线路的 PE 线经配电盘内的 PEN 母排返回变压器电源，这样流经变压器电源线路的接地故障电流将减少，带 RCD 功能的 Q1 可能拒动。

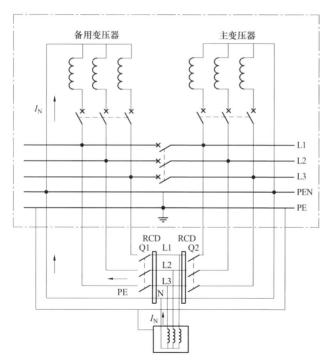

图 6-21　四极断路器在双电源共用配电屏的 TN-S 系统中的应用

为消除这一杂散电流，末端电源转换开关不应采用三极断路器而应采用四极断路器以截断杂散电流通路。采用四极断路器后，上述不良后果都不会发生，如图 6–21 所示。当末端用电设备由备用发电机供电时情况相同，在此不再赘述。

2）两电源不在一处，不共用低压配电盘，末端电源转换开关可采用三极断路器。

在图 6–22 中，一电气装置内的配电变压器和备用柴油发电机不在一处，不共用低压配电盘。为不产生杂散电流，全电气装置内的中性线只在转换开关内一点接地，发电机处中性线不接地。当由任一电源供电时，中性线电流只能经由本回路的中性线返回电源，别无其他通路。这样末端电源转换开关采用三极断路器也不会产生杂散电流而引起各种不良后果，而中性线上少插入开关则是有利于电气安全的。

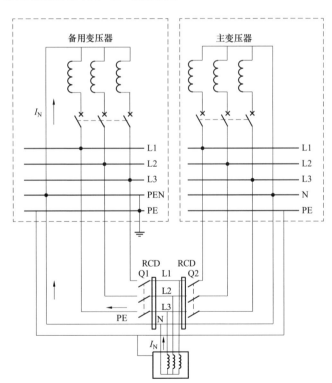

图 6–22　双电源独立配电屏的 TN–S 系统典型结构图

3）TN 系统或 TT 系统电网电源与引出中性线的 IT 系统自备发电机电源进行电源转换时应装用四极断路器。

IT 系统是不宜配出中性线的,但有时为取得 220V 电源也有配出中性线的。当引出中性线的 IT 系统柴油发电机电源用作 TN 系统或 TT 系统正常电源的备用电源时, 其电源转换开关应为四极断路器以切断中性线。否则在使用柴油发电机电源时, 其中性点将通过 TN 系统或 TT 系统中性点的接地而接地, 它将不是 IT 系统而是 TN 系统或 TT 系统, 从而失去 IT 系统供电不间断性高的优点。

4）TN 系统或 TT 系统电网电源与不引出中性线的 IT 系统自备发电机电源进行电源转换时可采用三极断路器。

由于 IT 系统内没有中性线, 不存在中性线转换的问题, 没有必要采用四极断路器, 只能采用三极断路器。

从以上数例可知, 末端电源转换开关是选用三极断路器还是四极断路器是涉及许多因素的一个复杂问题, 应视中性线有无传导返回电源的杂散电流的并联通路, 是否同为电源端带电导体直接接地的接地系统等不同条件来确定是采用三极还是四极断路器。更多的内容可参见 IEC 60364-4-46, IEC 60947-2。

6.6　欠电压脱扣功能对系统可靠性的影响

发电厂和变电（换流）站用低压交流系统的 400V 进线断路器除了具备过负载保护、短路保护功能外, 根据情况还可配置有欠电压脱扣功能, 该功能由安装在断路器内的欠电压脱扣器实现。对于采用两台发电厂和变电（换流）站用变压器互为暗备用, 或采用 3 台发电厂和变电（换流）站用变压器（其中一台接至外来电源, 作为另两台厂站用变压器的明备用）的发电厂和变电（换流）站用低压交流系统, 如图 3-6 或图 5-5 所示, 在 400V 进线断路器配置有欠电压脱扣器时, 当电网出现瞬时波动、闪变, 不论是低压母线并列运行还是分列运行, 这时都会使发电厂和变电（换流）站用变压器的低压侧主断路器跳闸。由于具有欠电压脱扣功能的低压断路器一

般不具备自动重合闸功能，因而会给发电厂、变电站及换流站，特别是无人值守变电站的稳定运行带来影响。因此，本节将对发电厂和变电（换流）站用低压交流系统的400V进线断路器是否需要具备欠电压脱扣功能进行分析和讨论。

6.6.1 欠电压脱扣器的基本工作原理

在发电厂和变电（换流）站中，为低压断路器配置欠电压脱扣器的主要目的是：

（1）防止异步电动机在电压降低时出现欠电压堵转运行而导致电机绕组烧毁；

（2）防止通信设备等电压敏感型负荷因电压下降而造成运行异常；

（3）防止后备电源切换时反送电至停电变压器，造成变压器或人员的意外损伤，即利用低压脱扣使断路器保持断开状态，将低压交流系统与停电的厂用变电站或站用变电站进行隔离。

IEC 60947.1—2001 规定，欠电压脱扣器的动作范围为额定电压的70%～35%，零电压（失压）脱扣器（一种特殊型式的欠电压脱扣器）的动作电压为额定电压的35%～10%。

根据欠电压脱扣器的动作方式，可将其分为电磁式器和智能式两类，应用较多的是电磁式。当400V母线电压正常（85%～110%）时，欠电压脱扣器的衔铁被其铁芯吸住，断路器可以进行合闸并保持处于供电运行状态。当线路电压降低到 70%额定电压以下时，欠电压脱扣器衔铁脱开并带动拉杆撞击断路器的脱扣杆，使断路器跳闸。智能式低压脱扣器多应用于框架式断路器中，集成在断路器的智能控制器中，利用智能控制器对进线电压进行分析判断及动作出口，其动作时间可通过面板进行整定。智能型欠电压脱扣装置是通过断路器的控制器整定低压保护的定值和延时的，如不需要该功能，通过控制器退出即可。

根据欠电压脱扣器的延时时间进行分类，欠电压脱扣器又可分为瞬时、短延时或长延时三种类型：

（1）瞬时型或短延时（0.5s）型欠电压脱扣器，在（400V）系统母线电压低于额定电压的70%～35%，会立即动作，跳开站用变压器低压侧主断路器。

128

（2）长延时型欠电压脱扣器的延时可在 0～5s 范围内调整。当（400V）系统母线电压在 1/2 延时整定时限内，如果母线电压没有恢复到 85%额定电压以上时，脱扣器会动作，跳开厂站用变低压侧总路开关。

（3）长延时型与短延时型类似，不同之处在于当（400V）系统母线电压在延时整定时限内不能恢复到 85%额定电压以上时，延时型欠电压脱扣器达到延时整定动作跳开低压侧总路开关。

6.6.2 欠电压脱扣器的应用影响分析

以下将对引起母线电压下降的原因进线分析，并从负荷的角度出发评估欠电压脱扣器在系统中起到的作用和效果。

1. 母线电压暂降原因分析

厂站用电系统 400V 母线电压波动、暂降的原因主要有供电系统短路故障、电动机直接启动等原因，其中供电系统故障是由外部系统故障导致的电网异常事件，电动机直接启动造成的电压降落是厂站用电负荷引起的。

（1）外部电网故障引起的电压下降。电力系统不可避免地存在系统短路故障。当变电站系统近处发生严重电网故障时后，比如变电站线路出口或近端发生三相短路、金属性接地等，不可避免地会引起低压母线电压降低，这类短路故障造成的电压下降幅度通常能够达到低压脱扣动作值。当厂站用电系统 400V 进线断路器装设有瞬时欠电压脱扣器时，进线断路器将跳闸，造成母线失电。

（2）冲击负荷引起的电压下降。厂站用电系统中存在着大量的电动机类冲击负荷，如消防水泵电机、风冷电机等。电动机在启动过程中会产生较大的启动电流，造成电压降低。但正确地按照技术规范设计的厂站用电系统，在厂站内电动机类冲击负荷群启动过程中，不会将母线电压拉低至欠电压脱扣器动作值，即厂站用冲击负荷群不会造成欠电压脱扣器动作而使断路器将跳闸，造成母线失电。

由此可见，厂站用电系统中断路器欠电压脱扣器动作主要是由外部电网故障会造成的。为防止因厂站用电系统一次侧电压瞬时跌落造成断路器欠电压脱扣器动作母线失电，只需将瞬时型欠电压脱扣器更换为延时型或者拆除断路器欠电压脱扣器。

2. 欠电压脱扣器的效用分析

欠电压脱扣器的效用是通过断开进线断路器保证在电压下降时保护用电设备。主要包括防止电压下降损坏电压敏感型负荷和电动机等，并保证电源切换功能能够完成备用电压切换。

（1）对电压敏感型负荷的影响。对于站用交流系统的电压敏感型负载主要有主变压器风冷、直流高频充电模块、消防水泵等三相负载以及电子设备等两相负载。

变电站最重要的电机就是变压器冷却风扇电机，因为该回路本身带有过热和低压接触器（在通风箱处），在电压较低时接触器会自动断开电源，因此从保护风扇电机的角度来看，400V 进线低压断路器不必使用低压脱扣功能。

低压负荷中还有一个比较重要的是直流高频充电模块电源，正常供电电压范围为 85%～115%。当电压低于 85%以后，充电模块停止工作，变电站直流系统切换至蓄电池供电的模式，因此直流高频充电模块电源的电源开关不需要低压脱扣功能。

对于厂用交流系统，除了如上所述的电压敏感型负载外，还有油泵、循环水泵等众多的电动机。这些电动机一般都配置有过载保护、电动机短路保护以及电动机的欠电压保护等功能。不同的发电厂对电动机的欠电压保护的电压定值以及延时会有差异，但原则时基本一致的：当检测到欠电压时，欠电压脱扣器瞬时动作甩掉一批不重要的电动机（有些发电厂欠电压脱扣器不设置瞬时动作的功能）；为了保证接于同段母线的重要电动机自启动，如Ⅰ类电动机，欠电压脱扣器短延时动作（一般整定 0.5s），切除不要求自启动的Ⅱ、Ⅲ类电动机和不能自启动的电动机；对于重要的电动机，当装有自动投入的备用机械设备时或为保证人身和设备安全，在电源电压长时间消失后须自动切除时，通过欠电压脱扣器长延时动作（如 5～10s，9～10s）切除电动机。可见，发电厂的电动机保护配置是比较完备的，不需要通过在低压交流系统的400V 进线断路器配置欠电压脱扣器来实现电动机的欠电压保护。

（2）对电源自动切换功能的影响。目前，双电源切换方式主要有三种，第一种是 ATSE 方式切换，第二种是微机备自投方式切换，第三种是交流接触器（电磁式）切换回路。

ATSE 是一类智能型双电源自动切换装置。ATSE 一般由两部分组成，即开关本体和控制器。开关本体主要是用来切断电路回路，控制器主要用来检测被监测电源（两路）的工作状况。当被监测的电源发生故障（如任意一相断相、欠电压、失压或频率出现偏差）时，控制器发出动作指令，开关本体则带着负载从一个电源自动转换至另一个电源。控制器对电压的检测是通过自身带有的采集模块实现的，不需要外接电压检测装置，因而不需要欠电压脱扣器配合。

微机备自投是一种常用的备用电源自动切换装置，其根据母线和进线电压对备用电源进行切换。微机备自投装置是一种数字电子型产品，由于其不含开关本体，因而需要与进线开关配合。例如对于母联备自投方式，当工作电源发生故障而满足投入备用电源时条件，备自投装置会发出投入备用电源命令，闭合相应的开关，实现备用电源投入。在此过程中，备自投会根据自身逻辑跳开低电压线路开关，不需要欠电压脱扣器配合。

当采用交流接触器（电磁式）切换回路时候，切换功能通过接触器电磁线圈或者回路中的电压继电器实现。当进线电压降低时，接触器自动脱离工作电源，切换到备用电源，不涉及断路器的欠电压脱扣器。

3. 结论

一般带有欠电压脱扣器的低压断路器是没有自动重合闸的。所以，即使厂站用低压交流系统来电或电压波动恢复后，也需要采取人工手动合闸的方式恢复送电。尤其是中国现在的很多 220kV 及以下的变电站都为无人值守站，一旦站用电系统发生电压波动引起低压脱扣装置动作，运维人员都需到现场恢复，增加了运维人员的工作量。如果部分装置失电后无告警信号，则电源将得不到及时恢复，存在一定的安全隐患。

在厂站用低压交流系统中，当负荷设备自身带有保护功能，在电压降低时候能够起到自身的保护作用时，或低压电源自动切换功能可以依靠自身逻辑而实现断路器跳闸电源切换时，400V 进线断路器则不需要配置欠电压脱扣功能。

若重要负荷设备自身没有低压保护功能或因其他原因确实需要安装欠电压脱扣器时，建议装设的欠电压脱扣器具备延时脱扣功能，延时动作时间整定值要与系统保护和电源重合闸时间相配合。延时动作时间一般设置为 3～5s，使欠电压脱扣器有选择性地跳闸，即欠电压脱扣器的延时时间需要满足：瞬时故障引起的电压闪变、瞬时波动或瞬时停电时断路器不动作；永久性故障导致不能恢复的停电时，断路器可靠动作。应避免电压波动造成低压断路器频繁断开而降低了系统的供电可靠性，增加了运维人员的工作量。

6.6.3 案例分析

1. 案例一

35kV 某变电站站用交流系统的接线图如图 6-23 所示。2007 年 7 月，该变电站因雷雨天气造成站用变高压侧电网电压严重波动，引起站用变次级 3QF、4QF 断路器的欠电压脱扣装置动作（属正常动作）造成 3QF、4QF 断路器正常分断，由于 3QF、4QF 断路器有自投功能，瞬时自投成功，此时电源系统一切动作在正常。

但交流柜内所有馈线的断路器自带欠电压脱扣功能且未设置延时，造成所有的负荷断路器瞬时跳闸。由于断路器必须人工手动合闸，在交流母线再次来电是不能自动投入的，导致交流馈线柜内所有出线全部失电。

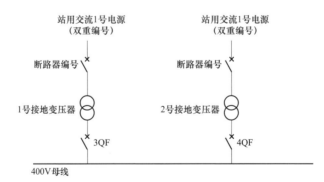

图 6-23 站用交流系统接线图

2. 案例二

站用交流电源系统启用备用变压器自投装置，但与次级总路断路器欠电压脱扣功能的时间配合不当，造成站用电全停。

　　2015 年 3 月，330kV 某变电站的 110kV 出线发生接地故障造成站内电压波动，400V 系统的相电压跌至 184V，满足次级总路断路器欠电压脱扣装置动作定值，但达不到备自投装置的动作定值，导致站用交流电源系统次级总路断路器欠电压脱扣装置动作跳闸，但备用站用变压器备自投装置未动作，站用交流电源系统失电。

7 电压暂降对发电厂和变电（换流）站用低压系统可靠性的影响

随着发电厂、换流站和变电站的自动化及智能化程度的提高，对电能质量敏感的辅助设备也逐渐增多，这就对发电厂和变电（换流）站用低压交流系统的供电电能质量提出了更高的要求。尤其是随着变频器在火力发电厂、换流站中的逐步应用，因雷击、电气设备短路等故障引起厂（站）用电系统出现电压暂降时，变频器调速系统因低电压闭锁保护动作，致使辅机（电动机）停止运行，甚至造成停炉、停机、极闭锁等重大事故。电压暂降问题对整个发电厂和变电（换流）站安全可靠运行的影响正逐渐受到了工程师们的关注。

电压暂降的定义，在 IEC、IEEE 以及某些国家标准中都略有差异，本文主要参照 IEC 标准的定义。IEC 6100–4–11、GB/T 30137—2013 等标准中对电压暂降的定义为：电力系统中某点工频电压方均根值突然降低至 0.01～0.9（标幺值），并在短暂持续 10ms～1min 后恢复正常的现象。在发电侧，电压暂降又被称为低电压穿越，包括：火电机组辅机低电压穿越、风电机组低电压穿越和光伏低电压穿越。

在 CIGRE，已有几个工作组针对电压暂降的评估、预测等方面开展了研究。在 2000～2006 年，CIGRE 先后成立 C4.02 "电压暂降评估和预测工具"、C4.07 "劣质电能成本评估" 等工作组，并颁布了关于电压暂降和敏感负荷方面的研究报告。2010 年以来，CIGRE C4.110 对 PIT 的实践积累展开研究。关于电压暂降在以上方面的研究可参见 CIGRE C4.02、C4.07 和 C4.110 等工作组的报告。

考虑到电压暂降对于火力发电厂和换流站而言直接影响的设备是变频器。因此，以下主要从火力发电厂用低压交流系统的电压暂降的产生原因、电压暂降对变频器的影响进行了分析，以及对变频器低电压穿越能力的提升方案进行了讨论，尽可能降低发电厂和变电（换流）站用电系统电压暂降对变频器乃至整个发电厂、换流站可靠运行的不良影响。

7.1　发电厂低压交流系统电压暂降产生的原因

由于厂用高压交流系统的电压暂降也会传导到低压交流系统，因此本节对厂用高压交流系统和低压交流系统电压暂降的产生原因一并讨论。

7.1.1 电网故障

电网系统发生短路故障，主保护未动，靠后备保护切除故障或重合闸合于永久性故障而保护再次跳闸，这时往往邻近的发电厂厂用电系统母线电压也会相应降低。由于变频器整流逆变元件特性的原因，变频器电源电压的下降往往会触发变频器低电压保护，导致变频器输出闭锁、辅机停机，一旦Ⅰ类辅机停运就可能会引起发电机组跳闸。此时，对于已经发生故障且尚在恢复中的电力系统，发电机组的跳闸将再次对系统产生冲击，严重威胁电网的稳定运行。

这种暂态低电压体现在火力发电机组常用母线时，有的时候电压会很低，甚至低至额定电压的 65%以下，且持续时间相对较长。例如：某电网500kV 系统发生接地故障，A 相电压由故障前 310kV（线电压为 537kV）突降至 62.4kV（线电压为 108kV），其余 B、C 两相电压也略有降低，10kV厂用电压最低降至 71.5%系统标称电压，380V 母线电压降至 300V 以下，故障持续 515ms 后切除。

7.1.2 大型厂用电设备启动

当启动引风机、一次风机、脱硫增压风机、给水泵等大负荷动力时，厂用电源电压会被拉到较低，而且会持续一段时间，时间一般在 10s 左右。由于有变压器隔离，这种情况通常只限于某段母线，是火力发电厂经常发生的一种现象。

7.1.3 厂用设备短路

火力发电厂机组正常运行时，厂用母线所带负荷通常为锅炉风机和汽机水泵电动机以及低压厂用变压器。当低压厂用变压器、电动机、电源馈线等设备发生瞬时短路故障时，需要由这些设备的电流速断保护切除故障，厂用电源馈线故障切除时间与电动机的速断保护动作时间配合，一般取 300～500ms。在故障发生至切除的这一过程中，往往会造成短时厂用母线的电压降落，特别是当故障点靠近厂用母线时，厂用母线电压降落十分明显。

7.1.4 厂用电源切换

厂用电源切换包括机组启动和停机时手动电源切换、机组运行中的事故切换以及非正常切换。机组运行中的非正常切换是由母线非故障性低压引起的切换，分为低压启动切换和电源偷跳启动切换。在非正常切换时，从电压降落开始至备用电源的可靠投入，整个过程将造成厂用母线短时低电压。

电源偷跳启动切换，又分为快速切换、同期捕捉切换和长延时切换。其中长延时切换作为其他切换方式的后备切换方式，不属于导致短时失压的切换，因此只考虑快速切换和同期捕捉切换。切换过程与事故切换相同，最长切换时间200ms。

7.2 变频器的工作原理和
电压暂降对其的影响

变频器是利用电力半导体器件的通断作用将工频电源变换为另一频率的电能控制装置，能实现对交流异步电机的软起动、变频调速、运转精度提高、功率因数改变、过流/过压/过载保护等功能。低压变频器主要应用在泵与风机上，例如给粉机、搅拌器、输送泵、燃油泵传动装置等。

由于变频器在火力发电厂的辅机软启动、变频调速、优化设计、经济运行等方面具有明显优势，发电企业和设计单位在许多火电机组辅机的设计上越来越倾向于采取变频器技术。但是目前，多数发电厂辅机变频器低电压穿越能力差，有的甚至不具备这种能力，这就对发电厂用低压交流电源系统的供电可靠性提出了更高的要求。

7.2.1 变频器的工作原理

火力发电机组辅机变频器，按其所供电压可分为高压变频器（6kV和10kV）和低压变频器（380V）。高压变频器多用于锅炉送风机、引风机、一次风机、给水泵、凝结水泵等风机泵类负载；低压变频器多用于给煤机、给粉机等负载，其输出电压为380~650V，输出功率为0.75~400kW，输出频率为0~400Hz。本文主要对低压变频器进行分析。

　　低压变频器本体是通过断路器接入低压厂用电母线的。其输出部分连接发电厂辅机的电动机，如图7-1所示。变频器安装处有就地控制设备，负责控制和保护变频器以及与机组DCS进行通信，控制设备的电源接到厂用低压380V或220V交流电源，但若是对供电电源可靠性要求较高时，变频器控制设备的电源可由发电厂的UPS电源供电。

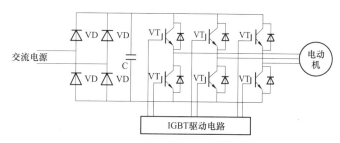

图7-1　变频器原理示意图

　　变频器的电路一般由整流、中间直流环节，逆变和控制4个部分组成。整流部分为三相桥式不可控整流器；逆变部分为三相桥式逆变器；中间直流环节为滤波、直流储能和缓冲无功功率；控制部分主要是IGBT驱动电路并采用SPWM控制。

7.2.2　电压暂降对变频器的影响

　　影响变频器电压暂降抗扰力的因素包括：电压暂降深度、电压暂降持续时间、负载大小、变频器低电压阈值、电压暂降类型等。变频器的整流、中间直流环节、逆变和控制等各个部分受低电压影响各有不同，根据电压跌落范围和电压跌落持续时间的不同，变频器可能会继续运行，也可能会闭锁停机。

　　当发生电压暂降时，输入端的交流电压突然降低，而输出端所带的负载功率基本不变，两者之间的不平衡功率需要由变频器直流侧电容放电来提供，造成了变频器直流侧电压下降。同时，发生电压暂降时，变频器直流侧电压的降低会引起驱动控制器的误动作或跳闸。电压暂降结束后的直流电容充电，会引起过电流，使保护电力电子器件的熔断器熔断，切断直流工作回路。为了避免这种现象，许多传动系统在检测到断电时就会停止运行。

变频器内的可控变流器一般用于将电网的交流电转换成电压可变的直流电。这类电力半导体控制的逻辑电路，在电网电压下降到低于规定值时禁止整流。在输入电压低于额定值 20%时，控制被切断，直到用户使逻辑电路复位，或者在规定的时间内电压恢复后，才能重新工作。因此，应用于火电机组的辅机变频器在电压跌落时，当电压跌落至变频器低压限制值时，变频器就会闭锁停机，造成辅机停机。当辅机为给粉机、给煤机等重要负载时，辅机停机将造成锅炉停炉、机组停机。

7.3　电压暂降对辅机运行状态影响的分析

7.3.1　辅机运行特性分析

火力发电厂厂用电系统中配置变频器的低压辅机包括给煤机、给粉机、空气预热器、增压风机、空冷岛冷却风机等。以下对其中几类重要辅机特性进行分析说明。

1. 风机运行特性分析

锅炉 FSSS（锅炉炉膛安全监控系统）中 MFT 的触发条件中受风机影响的有炉膛负压高三值、炉膛负压低三值、锅炉最低风量、流化风量低（针对 CFB 锅炉）等参数，如果系统低电压影响风机，包括增压风机、空冷岛冷却风机等低压风机，将可能造成风机出力的波动和震荡，有可能触发 MFT（总燃料跳闸）保护，造成停炉停机。

2. 给煤机运行特性分析

断风会停炉，而断煤同样会停炉，MFT 触发条件中重要一项是燃料丧失，不同锅炉对其的判断条件不同。理论上讲，给煤机停运时，往往在磨煤机内还有大量存煤，短时间可以满足锅炉燃烧的燃料连续供给需要；从运行经验讲，对中储式锅炉、直吹式锅炉（双进双出和中速磨）、CFB 锅炉等，当给煤机全部停运后短时间内锅炉能够正常运行。但为了降低运行管理的风险，有的直吹制粉系统锅炉 MFT 触发条件之一的"丧失燃料"部分定义为"给煤机全停"。

3. 给粉机运行特性分析

只要给粉机全部停运，没有延时，锅炉就会立即触发 MFT。在基建工厂调试中，曾发生过由于给粉机设备质量差，煤粉自流导致锅炉灭火的情况。如果给粉机瞬间转速阶跃，这种情况类似煤粉自流，那么炉膛参与燃烧的煤粉量就会发生剧烈变化，进而导致氧量、蒸汽温度、蒸汽压力等参数的剧烈震荡，极易造成停炉、停机。

综上所述，当电网电压瞬时波动时，给粉机是不允许停运的，并且出力也不应该发生变化。

7.3.2　低压辅机变频器低电压运行状态分析

给煤机和给粉机变频器是发电厂重要的低压辅机变频器，如果它们能够在系统电压跌落至 20% 额定电压时，且能持续运行 10s，就被认为该变频器具备完备可靠的低电压穿越能力。以下将主要对这两类变频器在厂用电系统发生低电压时的运行状态进行分析。

1. 给煤机

配置有变频器的给煤机，其变频器本身有低电压保护闭锁和低电压停止输出功能，变频器低电压保护范围一般在 85%～90% 系统标称电压（各不同厂家和型号的变频器，设置值有差异）之间，跳闸时间 0～0.6s。运行中的给煤机变频器在系统低电压期间会停止输出，并向机组 DCS 发出变频器停机信号，最终导致机组 MFT 停炉。

可见，此类重要辅机变频器不具备低电压穿越能力，需要进行改造升级，以确保低电压期间给煤机的运转不受影响。

2. 给粉机

配置有变频器的给粉机，变频器本身有低电压保护闭锁和低电压停止输出功能。发电厂中应用的给粉变频器有一部分变频器低电压限制值可达 60% 系统标称电压，且具有 500ms 延时跳闸，其他的变频器低电压保护范围一般在 70%~85%系统标称电压，瞬时跳闸或延时时间依据电机的转动惯量由变频器内部计算。

7.4 变频器低电压穿越的治理方法和 工程应用情况

在厂用交流系统电压暂降期间保证给煤机变频器不跳、给煤机不停以及 MFT 动作时保证给煤机的可靠停机，是火电厂辅机变频器"低电压穿越"技术的核心问题。目前，学术界和工业界已采取了一些措施来解决这个问题，治理措施主要包括对变频器的供电电源和变频器本身功能的改造两个方面。

7.4.1 变频器供电电源的可靠性提升

1. 外加串联交流不间断电源 UPS

如图 7-2 所示，在变频器电源输入端串接入 UPS 装置。本方案可以做到变频器无干扰运行，但受制于 UPS 装置的容量，且存在能源转换效率低、投资成本大等问题。

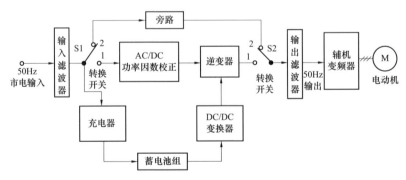

图 7-2 频器串联在线式 UPS 原理图

2. 外加并联直流电源

在变频器直流母线处增加直流电源（可以是单独配置的蓄电池或发电厂的低压直流电源）支撑，作为变频器的备用电源。将变频器的主、备用电源通过开关分别接入变频器交流输入端和直流母线上，当因外部扰动引起常用电源短时中断或短时电压降落时，外加直流电源会继续供给变频器，不影响终端电动机的正常运行；当工频电源再度恢复正常供电时，变频器改为工频电源供电。给煤机、给粉机等设备的变频器可采用这种方法。

如果该直流电源由专门的蓄电池提供，则该方案存在充电装置故障率高的问题。蓄电池平时多处于浮充状态，即其配备的充电装置经常处于工作状态，充电装置为电力电子装置。依据电子传动业内统计结果，电力电子设备运行故障率是电动机运行故障率的 $200 \sim 300$ 倍。因此该方案中充电机的使用，将极大增加变频器与拖动系统的故障率，反而有可能降低变频器运行的可靠性。

3. 电压瞬时跌落的补偿

如果电动机允许降低转速，则用本方法可使传动设备在三相电压较大幅度瞬时跌落期间继续运行。在正确确定电压瞬时跌落的补偿容量时，必须考虑三相电压瞬时跌落的最大幅值、扰动最长持续时间、生产过程中被传动设备允许的转速降低的程度和负载特性。

4. 配置高速切换的静态电子开关

目前的双电源开关切换时间大多在 1s 以上，这无法满足变频器电源切换的要求。要满足给粉机变频器毫秒级切换的要求，需要为给粉机配置高速切换的静态电子开关，同时和上级厂用电源的厂用电快切装置配合使用。该方法可以避免因电源切换造成的给粉机变频器失压跳闸这类问题的发生，但如果整个电源系统（包括备用电源）长时间大幅度波动，这种方法仍无法避免变频器低电压跳闸。

5. 给粉机全停逻辑延时

不少电厂通过炉膛安全监控系统（furnace safety supervisory system, FSSS）给粉机全停逻辑延时来处理这个问题，但延时带来 FSSS 安全级别降低使用，存在爆炉隐患。对 FSSS 的给粉机全停逻辑延时（$2 \sim 5s$），给粉机变频器设置快速重启动，等待电网恢复后给粉机变频器重启动，但这种方法既违反了电厂管理规程，又不能从根本上消除炉膛在低电压穿越时的安全隐患。如果延时短，则不可能避免停炉；如果延时长，则可能会引发更严重的爆炉事故。

7.4.2 变频器本身功能的升级改造

（1）短时断电后转速跟踪再启动。在低电压穿越区内，变频器可短时中断输出保护自身设备，在电源恢复之后，当电动机仍在运转时，机组仍在运行时，可以跟踪电动机转速再启动。这种方法应有速度传感器，应将变频器的控制电源接到 UPS 电源。设计参数包括要承受的最长扰动持续时间以及从电源恢复到电动机返回原有转速的时间。转速的减慢与负载转矩、被传动设备和电动机的惯量、负载以及扰动的持续时间等相关。

空气预热器、增压风机、凝结水泵等设备的变频器可采用这种方法。当电厂发生低电压穿越时，该方法不会影响到机组有功的大幅波动，可以连续运行。

（2）采用降转速恒磁通 U/f 控制方式。如允许电动机降低转速，则用本方法可使传动设备在三相电压较大幅度的暂态跌落期间继续运行。采用这种方法时必须要考虑三相电压暂态跌落的最大幅值、扰动最长持续时间、生产过程中允许的转速降低的程度和负载特性。

（3）取消变频器低压保护设置，设置快速重启动。本方法只能保证电压跌落到额定电压 50%时给煤机能正常运行，重启时影响锅炉安全，自启动时锅炉负压波动大，存在爆炉风险，同时取消低压保护设置毫无疑问会增加变频器本身损坏隐患。

7.4.3 小结

从以上建议方法可知，对火力发电机组低压辅机变频器低电压穿越能力的改造方案，每一种治理方法都有其自身的局限性，需要根据发电厂低压辅机的运行特性选择适当的方案。

对不允许短时停运或降低出力的辅机如给粉机，建议采用加装 UPS 电源或直流电源（蓄电池）的方法，保证电动机无干扰运行。

对允许短时停运或降低出力的辅机，根据电压跌落最大幅值和最长扰动时间，可采用电压瞬时跌落补偿或者跟踪再启动功能。

特别需要说明的是为了保证给煤机和给粉机在电网电压瞬时波动的情况下不停运，无论如何改造，一定不能影响 MFT（总燃料跳闸）动作的准确性。

8 标准体系分析

8.1 国际标准化组织相关工作

8.1.1 国际电工委员会（IEC）

截至 2017 年 5 月底，国际电工委员会（International Electrotechnical Commission，IEC）现有技术委员会（Technical Committee，TC）104 个、技术分委员会（Technical Subcommittee，SC）99 个，除了作为基础的 TC1 术语技术委员会外，还有 9 个技术委员会和 7 个技术分委会与发电厂和变电（换流）站用低压交流系统涉及的内容有一定的关联。

（1）面向低压系统的 IEC 技术委员会。IEC 中面向低压交流系统领域的技术委员会共有 3 个，分别是 TC64、TC73 和 TC109。

TC64 作为电气安装和防触电保护领域的技术委员会，工作范围主要在低压电气装置在设计、选型、安装以及检验过程的安全方面，为避免合理使用的电气装置对人员、家畜和财产产生危害和损害。TC64 已制定技术标准、报告和规范 45 个。IEC TR 62066 技术报告阐述了低压交流系统的过电压和电涌保护原则和基本情况，IEC 60364 系列标准的适用范围覆盖了工业、民用和光伏发电系统，IEC 60364-1 和 IEC 60364-4 技术标准规定了低压电气装置设计、安装及检验的安全规则，但均未专门应用于发电厂和变电（换流）站用低压交流系统。

TC73 作为短路电流领域的技术委员会，工作范围主要在短路电流及其热、化学效应的计算方法方面。TC73 已制定技术标准 5 个、技术报告 5 个。其中，IEC 60865 和 IEC 60909 系列标准覆盖所有交流系统的短路电流计算，内容包括交流短路电流计算方法、效应计算、计算参数和计算示例，是发电厂和变电（换流）站用低压交流系统短路电流计算的基础标准。

TC109 作为低压设备绝缘配合领域的技术委员会，针对使用于海拔 2000m 及以下、额定电压交流至 1000V、额定频率至 30kHz 或直流至 1500V 的设备，提出了绝缘配合原则及相应的试验要求。TC109 已制定 IEC 60664 系列包含 3 个技术标准和 2 个技术报告，对低压设备的电气间隙、爬电距离和固体绝缘以及其电气试验方法等进行了规范，适用于交流设备中的绝缘设计，仅对低压交流系统层面的绝缘配合设计起一定的参考作用。

（2）面向器件与装置的 IEC 技术委员会。IEC 中面向发电厂和变电（换流）站用低压交流系统中的相关低压产品的技术委员会 6 个、技术分委员会 7 个。6 个技术委员会分别是 TC20、TC23、TC32、TC37、TC85、TC121，7 个技术分委员会分别是 SC23B、SC23E、SC23J、SC32B、SC37A、SC121、SC121B，而这 7 个技术分委员会属于各自的技术委员会管理，所以对技术分委员的分析合并至其所属的技术委员会中。

TC20 作为电缆领域的技术委员会，负责制定所有电压等级的电缆技术标准。其中，IEC 60227 系列制定了额定电压 450V/750V 及以下聚氯乙烯绝缘电缆一般技术条件，IEC 60702 系统制定了额定电压 750V 及以下矿物绝缘电缆及终端一般技术条件，IEC 60245 系列制定了额定电压 450/750V 及以下橡皮绝缘电缆的一般技术条件，IEC 62440 系列制定了橡皮绝缘电缆的使用指南，适用于发电厂和变电（换流）站低压交直流系统，但在产品选型与电缆敷设方面缺乏相关详细规定。

TC23 作为电气配件领域的技术委员会，制定家用和类似应用的电气配件的技术标准，范围主要包括家用、建筑电气、办公、商业、工业厂房、医院、公共建筑等，其应用范围未包含发电厂和变电（换流）站用低压交流系统。而实际上，TC23 管理的 SC23E、SC23J 技术分委员会，他们制定的产品技术标准已应用于发电厂和变电（换流）站用低压交流系统中。SC23B 分委会负责插头、插座和开关的技术标准制定，SC23E 分委会负责家用及类似用途断路器的技术标准制定，SC23J 分委会负责开关应用方面的技术标准制定，共计 10 个技术标准和 1 个技术报告适用于发电厂和变电（换流）站用低压交流配电系统，包括手动一般用途开关、剩余电流保护器（RCD）、剩余电流动作断路器（RCCB）、带过电压保护的剩余电流动作断路器（RCBO）、剩余电流检测器、机电开关等。虽然 SC23E 和 SC23J 技术分委员会制定的相关产品技术标准均在低压发电厂和变电（换流）站交流系统中有应用，但在产品的现场测试、维护方面缺乏具体规范。

TC32 作为熔断器领域的技术委员会，负责制定有关熔断器特征、产品、安装、运行和测试方面的技术标准。SC32B 分委会负责低压熔断器的技术标准制定，适用于发电厂和变电（换流）站用低压交流配电系统。其中，IEC 60269-1 技术标准规定了低压熔断器的一般技术条件，完全适用于发电厂和变电（换流）站低压交流系统。IEC TR 60269-5 技术报告是低压熔断器的应用指南，并非专门针对发电厂和变电（换流）站低压交流系统的应用而制定，仅具有参考作用。

TC37 作为电涌保护器领域的技术委员会，负责制定高压避雷器和低压电涌保护器的技术标准。SC37A 制定用于通信、电力、信号网络系统中的低压电涌保护器技术标准，适用于发电厂和变电（换流）站用低压交流系统。IEC 61643 系列标准规定了低压电涌保护器的一般技术条件、选型、安装和配合原则，仅是防雷设计中的基本参考原则，不涉及在发电厂和变电（换流）站用低压交流系统中的具体设计规定。

TC85 作为测量设备领域的技术委员会，负责制定试验、测量或监控设备的技术标准。其中，IEC 61557 系列技术标准规定了低压交直流设备的一般技术条件和安全要求，条款适用于发电厂和变电（换流）站用低压交流系统。

TC121 作为低压开关设备和控制设备组件领域的技术委员会，为工业、商业和类似机电设备上的低压开关设备和控制设备组件制定相关标准。其分委会 SC121、SC121B 制定的 IEC 60947、IEC 61439、IEC TR 61912 系列技术标准和报告，规定了低压开关设备和控制设备组件在设计、安装、运行和维护等方面的技术及应用要求，基本适用于发电厂和变电（换流）站用低压交流系统，但涉及现场测试与运维方面的技术规定较少。

（3）小结。TC20、TC23、TC32、TC121 等 6 个技术委员会和 7 个技术分委会在元器件、装置等设备方面开展有效的标准化工作，从产品的技术参数、功能等方面制定了详尽的规范，适用于发电厂和变电（换流）站用低压交流配电系统，但部分专用技术标准需要完善。TC64、TC73、TC109 3 个技术委员会从系统层面开展的标准化工作和制定的技术标准较好地满足了民用电安全、短路电流计算、低压绝缘配合的应用需求，但未涉及发电厂和变电（换流）站用低压交流系统的结构设计、系统调试、检测和监测等系统层面的标准化工作。

综上所述，目前 IEC 尚没有技术委员会（TC）或技术分委会（SC）在发电厂和变电（换流）站用低压交流系统的设计、运行与维护等领域开展工作。

8.1.2 电气和电子工程师协会（IEEE）

电气和电子工程师学会（Institute of Electrical and Electronics Engineers，IEEE）管理的电力和能源协会变电站委员会（Power and Energy Society/Substations）成立了"电力站用低压系统设计导则"工作组（WGD9：Substation Auxiliary System–Guide for the Design of Low Voltage Auxiliary Systems for Electric Power Substations）讨论、研究变电站用低压交直流系统领域的相关技术问题，并组建了标准编制项目组 IEEE P1818 "电力站用低压系统设计导则草案"（IEEE Draft Guide for the Design of Low Voltage Auxiliary Systems for Electric Power Substations）。

8.1.3 小结

在发电厂和变电（换流）站用交流系统的国际标准化体系中，美国电子工程师学会组织正在开展该领域的研究，而国际电工委员会却缺乏该领域的设计、运行与维护的标准。

从标准化体系完整方面看，国际上在该领域的标准化体系存在缺失，亟待制定相应的标准进行填补，特别是应加强发电厂和变电（换流）站用交流系统的设计、施工验收、系统与设备调试、运行维护等方面的标准化工作。

8.2 IEC 标准化体系分析

8.2.1 IEC 技术标准现状

根据 IEC 各技术委员会和分技术委员会负责的技术领域特点，有 4 个横向技术委员会 TC1、TC64、TC73、TC109 分为在术语、电气装置和电击保护、短路电流、低压设备绝缘配合四个方向开展标准化工作，而其余 13

个产品技术委员会及产品分技术委员会分别在电缆、熔断器、低压成套开关等设备方面开展标准化工作。通过对各技术委员会和分技术委员会发布的技术标准、技术报告的梳理，把其进行分类，分为基础标准、设备技术标准、测试装置技术标准，详见附录 A～附录 C。

8.2.2　IEC 技术标准项目说明

1. 基础标准

（1）术语。

1）设备类。

IEC 60050–441：1984　International Electrotechnical Vocabulary. Switchgear，controlgear and fuses

IEC 60050–442：1998　International Electrotechnical Vocabulary-Part 442：Electrical accessories

IEC 60050–461：2008　International Electrotechnical Vocabulary-Part 461：Electric cables

IEC 60050–826：2004　International Electrotechnical Vocabulary-Part 826：Electrical installations

IEC 60050–845：1987　International Electrotechnical Vocabulary. Lighting

以上技术标准包括电气配件、电缆、照明等设备的术语。

2）系统类。

IEC 60050–601：1985　International Electrotechnical Vocabulary.Chapter 601：Generation，transmission and distribution of electricity-General

IEC 60050–602：1983　International Electrotechnical Vocabulary.Chapter 602：Generation，transmission and distribution of electricity-Generation

IEC 60050–605：1983　International Electrotechnical Vocabulary.Chapter 605：Generation，transmission and distribution of electricity-Substations

IEC 60050–614：2016　International Electrotechnical Vocabulary-Part 614：Generation，transmission and distribution of electricity-Operation

IEC 60050–141：2004　International Electrotechnical Vocabulary-Part 141：Polyphase systems and circuits

IEC 60050–192：2015　International electrotechnical vocabulary-Part 192：Dependability

IEC 60050–195：1998　International Electrotechnical Vocabulary-Part 195：Earthing and protection against electric shock

以上技术标准包括发输配电、可靠性、多相系统、接地防护的术语。

（2）安全防护。

1）IEC 60364–1：2005　Low-voltage electrical installations-Part 1：Fundamental principles，assessment of general characteristics，definitions

该标准规定了电气装置设计、安装及检验的安全规则，避免在合理使用中的电气装置可能发生的对人员、财产的危险和损害，并保证电气装置的正常运行。

2）IEC 60364–4–41：2005　Low-voltage electrical installations-Part 4–41：Protection for safety-Protection against electric shock

该标准规定了电击防护的基本要求，包括人体的基本保护和故障保护，还规定了特点的情况下采用附加保护的要求。

3）IEC 60364–4–42：2010　Low-voltage electrical installations-Part 4–42：Protection for safety-Protection against thermal effects

该技术标准规定了靠近电气设备的人员、固定设备及固定物料的热效应保护要求，以防止电气设备产生的热集聚或热辐射的有害效应。

4）IEC 60364–4–43：2008　Low-voltage electrical installations-Part 4–43：Protection for safety-Protection against overcurrent

该技术标准规定了带电导体过电流保护的要求。

5）IEC 60364–4–44：2007　Low-voltage electrical installations-Part 4–44：Protection for safety-Protection against voltage disturbances and electromagnetic disturbances

该技术标准规定了由于各种原因产生的电压骚扰和电磁骚扰，电气装置的安全要求。

6）IEC TR 62066：2002　Surge overvoltages and surge protection in low-voltage a.c.power systems-General basic information

该技术报告给出了低压交流系统中浪涌过电压和浪涌保护的基本信

息，如典型的过电压幅值、周期等。

（3）短路电流。

1）IEC 60865-1：2011　Short-circuit currents-Calculation of effects-Part 1：Definitions and calculation methods

本部分适用于额定频率为 50Hz 或 60Hz 的低压、高压三相交流系统中的短路电流计算，包括机械和热效应计算。其中，包括硬导体和软导体的电磁效应计算和裸导体的热效应计算。对于电缆的短路电流参考 IEC 60986 标准。

2）IEC TR 60865-2：2015　Short-circuit currents-Calculation of effects-Part 2：Examples of calculation

这个技术报告给出了短路电流引起热和机械效应计算的示例。

3）IEC 60909-0：2016　Short-circuit currents in three-phase a.c.systems-Part 0：Calculation of currents

本部分适用于额定频率为 50Hz 或 60Hz 的低压、高压三相交流系统中的短路电流计算，平衡和不平衡短路计算，其中包括在短路点引入等效电压源的方法。

4）IEC TR 60909-1：2002　Short-circuit currents in three-phase a.c.systems-Part 1：Factors for the calculation of short-circuit currents according to IEC 60909-0

该技术报告针对三相交流系统，为了满足短路电流计算的精度和简化要求，介绍了计算因子的来源及应用。

5）IEC TR 60909-2：2008　Short-circuit currents in three-phase a.c.systems-Part 2：Data of electrical equipment for short-circuit current calculations

本部分涵盖了从不同国家收集的电气设备数据，这些数据可用于计算低压电网的短路电流，收集到的数据及其评价可应用于中压或高压电网的规划，也可用作与设备制造商提供设备数据的对比。

6）IEC TR 60909-4：2000　Short-circuit currents in three-phase a.c. systems-Part 4：Examples for the calculation of short-circuit currents

技术报告给出了三相交流系统的计算案例，包括相序计算、低压系统的短路计算等。

（4）低压绝缘配合。

1）IEC 60664-1：2007 Insulation coordination for equipment within low-voltage systems-Part 1：Principles，requirements and tests

该技术标准适用于低压电气设备的绝缘配合，给出了绝缘配合的原理、要求和试验。

2）IEC TR 60664-2-1：2011 Insulation coordination for equipment within low-voltage systems-Part 2-1：Application guide-Explanation of the application of the IEC 60664 series，dimensioning examples and dielectric testing

该技术报告适用于低压电气设备的绝缘配合，给出了绝缘配合交界面上的低压电涌保护器等设备的配置地点及要求。

2. 设备技术标准

（1）设备一般技术条件。

1）电缆。

a. IEC 60245-1：2003 Rubber insulated cables-Rated voltages up to and including 450/750V-Part 1：General requirements

该标准适用于额定电压不超过 450V/750V 的橡皮绝缘和护套的硬和软电缆，规定了电缆的基本参数、试验项目和使用要求等。

b. IEC 60702-1：2002-Mineral insulated cables and their terminations with a rated voltage not exceeding 750 V-Part 1：Cables

该技术标准适用于额定电压 500V 和 750V 铜芯铜或铜合金护套矿物绝缘一般布线电缆，规定了制造要求和特性，从而以使得矿物绝缘电缆在正确使用时是安全可靠性的，并给出了相关检测和试验试验方法。

c. IEC 60702-2：2002-Mineral insulated cables and their terminations with a rated voltage not exceeding 750 V-Part 2：Terminations

该技术标准适用于额定电压 500V 和 750V 铜芯铜或铜合金护套矿物绝缘一般布线电缆的终端，规定了基本参数和试验要求等。

d. IEC 60227-1：2007 Polyvinyl chloride insulated cables of rated voltages up to and including 450V/750V-Part 1：General requirements

该标准适用于额定电压不超过 450V/750V 的聚氯乙烯绝缘电缆，规定了电缆的基本参数、试验项目和使用要求等。

2）电气配件。

a. IEC 60669-1：1998   Switches for household and similar fixed-electrical installations-Part 1：General requirements

该技术标准适用于交流额定电压不超过 440V、电流不超过 63A 的手动操作的普通开关，是家用和类似的固定电气设施用开关的一般技术条件。

b. IEC 61020-1：2009   Electromechanical switches for use in electrical and electronic equipment-Part 1：Generic specification

该技术标准给出了电子设备用机电开关的术语、特征、试验方法和其必要信息，开关的最大额定电压不超过 480V、电流不超过 63A。

c. IEC TR 60755：2008   General requirements for residual current operated protective devices

该技术报告适用于交流额定电压不超过 440V 的剩余电流动作保护器，规定了基础参数、分类、结构及设计等要求。

d. IEC 60898-1：2015   Electrical accessories-Circuit-breakers for overcurrent protection for household and similar installations-Part 1：Circuit-breakers for a.c.operation

该技术标准适用于频率 50Hz 或 60Hz、额定电压不超过 440V、电流不超过 125A、短路容量不超过 25 000A 的交流空气断路器，规定了基本参数、结构和运行要求等。

e. IEC 60898-2：2000   Circuit-breakers for overcurrent protection for household and similar installations-Part 2：Circuit-breakers for a.c.and d.c.operation

该技术标准是 IEC 60898-1 标准的补充,除了补充了交流断路器技术要求外，还补充了直流断路器的要求。

f. IEC 60934：2000   Circuit-breakers for equipment（CBE）

该技术标准给出了断路器设备的基本参数、试验和要求等。

g. IEC 61008-1：2010   Residual current operated circuit-breakers without integral overcurrent protection for household and similar uses（RCCBs）-Part 1：General rules

该技术标准适用于额定电压不超过 440V、电流不超过 125A 的不带过电流保护的剩余电流动作断路器，规定了分类、基础参数、结构和运行要求。

h. IEC 61009–1：2010 Residual current operated circuit-breakers with integral overcurrent protection for household and similar uses（RCBOs）-Part 1：General rules

该技术标准适用于额定电压不超过 440V、电流不超过 125A、短路容量不超过 25 000A 的带过电流保护的剩余电流动作断路器，规定基本参数、结构设计与运行要求、试验等。

i. IEC 62020：1998 Electrical accessories-Residual current monitors for household and similar uses（RCMs）

该技术标准适用于交流额定电压不超过 440V、电流不超过 63A 的家用及类似用途的剩余电流检测仪，规定了基本特性、结构与运行要求、试验等。

j. IEC 62606：2013 General requirements for arc fault detection devices

该技术标准提供了弧故障检测器的一般技术条件。

k. IEC 61058–1：2000 Switches for appliances-Part 1：General requirements

该技术标准给出了设备开关的一般技术要求，开关最大额定电压不超过 440V，电流不超过 63A。

3）熔断器。

IEC 60269–1 Low-voltage fuses-Part 1：General requirements

该技术标准适用于装有额定分断能力不小于 6kA 的封闭式限流熔断体的熔断器。该熔断器作为保护标称电压不超过 1000V 的交流工频电路或标称电压不超过 1500V 的直流电路用。

4）电涌保护器。

IEC 61643–11 Low-voltage surge protective devices-Part 11：Surge protective devices connected to low-voltage power systems-Requirements and test methods

本部分适用于对间接雷电和直接雷电效应或其他瞬态过电压的电涌进行保护的电器，这些电器被组装后连接到交流额定电压不超过 1000V、50Hz/60Hz 或直流电压不超过 1500V 的电路和设备。规定了这些电器的特性、标准试验方法和额定值，这些电器至少包含一个用来限制电压和泄放电流的非线性的元件。

5）低压开关。

a. IEC 61439–1：2011 Low-voltage switchgear and controlgear assemblies-Part 1：General rules

该技术标准适用于低压开关设备和控制成套设备，规定了产品基本性能的所有规则和要求，给出了产品的用途和试验方法等。

b. IEC 61439–2：2011 Low-voltage switchgear and controlgear assemblies-Part 2：Power switchgear and controlgear assemblies

该技术标准适用于低压开关设备和控制成套设备中的功率开关及成套设备，规定了产品基本性能的所有规则和要求，给出了产品的用途和试验方法等。

c. IEC 60947–1：2007 Low-voltage switchgear and controlgear-Part 1：General rules

该技术标准适用于低压开关设备和控制设备，规定了产品基本性能的所有规则和要求，给出了产品的用途和试验方法等。

d. IEC 60947–2：2016 Low-voltage switchgear and controlgear-Part 2：Circuit-breakers

该技术标准适用于低压断路器，给出了产品的用途和试验方法等。

e. IEC 60947–3：2008 Low-voltage switchgear and controlgear-Part 3：Switches，disconnectors，switch-disconnectors and fuse-combination units

该技术标准适用于低压开关、隔离开关、熔断器等，给出了产品的用途和试验方法等。

（2）设备使用要求

1）电缆。

IEC 62440：2008 Electric cables with a rated voltage not exceeding 450V/750V-Guide to use

该技术标准适用于电压不超过 450V/750V 的电缆，是制造商使用指南的补充。

2）熔断器。

IEC TR 60269–5 Low-voltage fuses-Part 5：Guidance for the application of low-voltage fuses

该技术报告用于指导低压断路器的应用，给出了限流熔断器保护复杂敏感的电气和电子设备的要求和方法。该报告适用于按照 IEC 60269 系列标准设计和制造的交流至 1000V、直流至 1500V 的低压熔断器。

3）电涌保护器。

IEC 61643-12：2008　Low-voltage surge protective devices-Part 12：Surge protective devices connected to low-voltage power distribution systems-Selection and application principles

该技术标准适用于连接到交流 50Hz 和 60Hz，交流电压有效值不超过 1000V，或直流电压不超过 1500V 的电涌保护器。规范了电涌保护器的选择、工作、安装位置和配合原则，包括在 IT 等系统中应用。

4）低压开关。

a. IEC TR 61912-1：2007　Low-voltage switchgear and controlgear-Overcurrent protective devices-Part 1：Application of short-circuit ratings

该技术报告是低压开关设备和控制设备及成套设备标准短路定额的应用导则，给出了短路的定义，并对其应用提供相应示例。

b. IEC TR 61912-2：2009　Low-voltage switchgear and controlgear-Over-current protective devices-Part 2：Selectivity under over-current conditions

该技术报告提供了低压开关设备和控制设备中的过电压保护电器间的配合原则，并给出了应用示例。

（3）测试装置技术条件。

a. IEC 61557-1：2007　Electrical safety in low voltage distribution systems up to 1000V a.c.and 1500V d.c.-Equipment for testing，measuring or monitoring of protective measures-Part 1：General requirements

该技术标准适用于试验、测量、监测装置，其交流电压不超过 1000V、直流电压不超过 1500V，规定了产品的通用要求。

b. IEC 61557-8：2014　Electrical safety in low voltage distribution systems up to 1000V a.c.and 1500V d.c.-Equipment for testing，measuring or monitoring of protective measures-Part 8：Insulation monitoring devices for IT systems

该技术标准适用于绝缘监测装置，其交流电压不超过 1000V、直流电压不超过 1500V，规定了产品的通用要求。

c. IEC 61557–9：2014　Electrical safety in low voltage distribution systems up to 1000V a.c.and 1500V d.c.-Equipment for testing，measuring or monitoring of protective measures-Part 9：Equipment for insulation fault location in IT systems

该技术标准适用于绝缘故障定位仪，其交流电压不超过 1000V、直流电压不超过 1500V，规定了产品的通用要求。

d. IEC 61557–12：2007　Electrical safety in low voltage distribution systems up to 1000V a.c.and 1500V d.c.-Equipment for testing，measuring or monitoring of protective measures-Part 12：Performance measuring and monitoring devices

该技术标准适用于测量和监控电气参数的综合性能测量和监控装置，其交流电压不超过 1000V、直流电压不超过 1500V，主要给出了产品的电能质量、电压、电流、功率等参数要求，是产品的通用技术条件。

e. IEC 61557–15：2014　Electrical safety in low voltage distribution systems up to 1000V a.c.and 1500V d.c.-Equipment for testing，measuring or monitoring of protective measures-Part 15：Functional safety requirements for insulation monitoring devices in IT systems and equipment for insulation fault location in IT systems

该技术标准适用于 IT 系统的绝缘监测装置和 IT 系统的绝缘故障点测定装置，规定了产品的功能安全性要求。

8.3　发电厂和变电（换流）站用低压交流系统标准化结构分析

8.3.1　"发电厂和变电（换流）站用低压交流系统"的标准体系框架

根据 CIGRE B3.42 工作组的技术报告，认为围绕设计、试验、检测及运行维护方面的标准化工作在 IEC 存在缺失。同时，结合 IEC 现有的 TC 工作范围和"发电厂/变电站低压交流系统"的技术发展需求，则一个完整的厂站用低压交流配电系统标准体系主要包括基础标准、系统设计标准、设备技术条件、施工验收标准、现场调试标准和运行维护标准。为此，本技术报告提出了发电厂和变电（换流）站用交流系统标准体系框架，如图 8-1 所示。

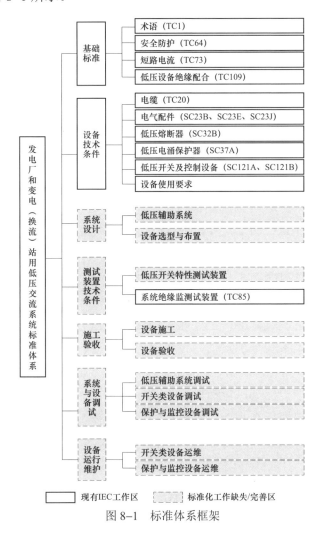

图 8-1　标准体系框架

8.3.2　框架说明

基础标准：包含低压交流配电系统的专业术语、设备安全、系统安全、短路电流标准和低压设备绝缘配合等标准。这些基础标准均来源于已制定的 IEC 标准，基本能够满足低压交流配电系统的需求。

设备技术标准：包含低压电器、导线、电涌保护器、低压成套开关等产品技术条件。同时，也包括电涌保护器、低压成套开关等部分设备的安全使用要求等，这些使用要求作为产品技术条件的补充，是用户的使用指南。设备技术标准均来源于已制定的 IEC 标准，是设备的通用技术要求，并非专门针对厂站用低压交流系统。若部分技术标准不能完全满足发电厂和变电（换流）站用低压交流配电系统的要求，仅需对这部分技术标准进行修订。

系统设计标准：包括低压交流系统设计、照明系统的设计、可靠性与风险评估，以及设备选型与布置等标准，这些系统层面的技术标准尚未有 IEC 制定。

测试装置技术标准：包括断路器特性测试仪等低压交流配电系统专用的测试仪器设备。这些仪器设备已在低压交流配电系统中广泛应用，但其技术标准尚未有 IEC 制定，其技术标准需要新制定。

施工验收标准：包括低压交流系统的主要设备的安装施工及验收标准。这部分标准是针对跨国工程的建设施工环节制定，尤其是为跨国电力工程而制定，目的是为减小工程纠纷，统一技术规范。

系统与设备调试标准：包含元器件性能测试、系统功能测试、监控系统通信测试、设备安全性评估、设备状态评价等。这部分技术标准应结合 IEC 的设备技术标准，重新进行制定。

设备运行维护标准：包括低压设备、低压交流配电系统的运行和维护标准。这部分技术标准是针对发电厂和变电（换流）站用低压交流系统的专用标准，应结合 IEC 的设备技术标准，重新进行制定。

8.4 发电厂和变电（换流）站用低压交流系统的标准制定需求分析

建立"发电厂/变电站低压交流系统"标准体系依据发电厂/变电站的建

设、运维特点，从系统设计规范、设备选用技术条件、测试用仪器设备等方面开展标准制（修）订工作。

8.4.1 系统设计标准

制定下列标准：

发电厂和变电站照明设计技术规定

变电站低压交流系统设计导则

换流站低压交流系统设计导则

发电厂低压交流系统设计导则

低压交流系统可靠性评估导则

电力工程电缆设计规范

电力工程交流不间断电源系统设计技术规程

8.4.2 设备技术标准

制定下列标准：

低压成套开关设备和控制设备智能型成套设备通用技术条件

低压固定封闭式成套开关设备

电力低压交直流智能型一体化设备技术条件

低压电器通信规范

电力用直流和交流一体化不间断电源设备

8.4.3 测试装置技术标准

制定下列标准：

交流断路器动作特性测试系统

8.4.4 施工验收技术标准

制定下列标准：

低压母线槽选用、安装及验收规程

低压电气设备安装通用技术规范

发电厂交流电源系统施工及验收规范

变电站交流电源系统施工及验收规范

换流站交流电源系统施工及验收规范

8.4.5　系统与设备调试

制定下列标准：

变电站低压交流系统交接试验导则

换流站低压交流系统交接试验导则

发电厂低压交流系统交接试验导则

8.4.6　运行维护技术标准

制定下列标准：

变电站低压交流系统状态评价导则

变电站低压交流系统状态检修导则

附录A 发电厂和变电（换流）站用交流系统IEC 基础技术标准一览表

序号	分类	技术委员会	标准编号	标准名称	范围
1	术语	TC1	IEC 60050-141：2004	International Electrotechnical Vocabulary–Part 141：Polyphase systems and circuits	多相系统与多相电路
2	术语	TC1	IEC 60050-192：2015	International electrotechnical vocabulary–Part 192：Dependability	可靠性
3	术语	TC1	IEC 60050-195：1998	International Electrotechnical Vocabulary–Part 195：Earthing and protection against electric shock	防电击接地与保护
4	术语	TC1	IEC 60050-441：1984	International Electrotechnical Vocabulary.Switchgear，controlgear and fuses	开关、控制设备和熔断器
5	术语	TC1	IEC 60050-442：1998	International Electrotechnical Vocabulary–Part 442：Electrical accessories	电气配件
6	术语	TC1	IEC 60050-461：2008	International Electrotechnical Vocabulary–Part 461：Electric cables	电缆
7	术语	TC1	IEC 60050-601：1985	International Electrotechnical Vocabulary. Chapter 601：Generation，transmission and distribution of electricity–General	发输配电一般术语
8	术语	TC1	IEC 60050-602：1983	International Electrotechnical Vocabulary. Chapter 602：Generation，transmission and distribution of electricity–Generation	发输配电发电
9	术语	TC1	IEC 60050-605：1983	International Electrotechnical Vocabulary. Chapter 605：Generation，transmission and distribution of electricity–Substations	发输配电变电站
10	术语	TC1	IEC 60050-614：2016	International Electrotechnical Vocabulary–Part 614：Generation，transmission and distribution of electricity–Operation	发输配电运行
11	术语	TC1	IEC 60050-826：2004	International Electrotechnical Vocabulary–Part 826：Electrical installations	电气设备

续表

序号	分类	技术委员会	标准编号	标准名称	范　围
12	术语	TC1	IEC 60050–845: 1987	International Electrotechnical Vocabulary.Lighting	照明
13	安全防护	TC64	IEC 60364–1: 2005	Low–voltage electrical installations–Part 1: Fundamental principles, assessment of general characteristics，definitions	该标准规定了电气装置设计、安装及检验的安全规则，避免在合理使用中的电气装置可能发生的对人员、财产的危险和损害，并保证电气装置的正常运行
14	安全防护	TC64	IEC 60364–4–41: 2005	Low–voltage electrical installations–Part 4–41: Protection for safety–Protection against electric shock	该标准规定了电击防护的基本要求，包括人体的基本保护和故障保护，还规定了特点的情况下采用附加保护的要求
15	安全防护	TC64	IEC 60364–4–42: 2010	Low–voltage electrical installations–Part 4–42: Protection for safety–Protection against thermal effects	该技术标准规定了靠近电气设备的人员、固定设备及固定物料的热效应保护要求，以防止电气设备产生的热集聚或热辐射的有害效应
16	安全防护	TC64	IEC 60364–4–43: 2008	Low–voltage electrical installations–Part 4–43: Protection for safety–Protection against overcurrent	该技术标准规定了带电导体过电流保护的要求
17	安全防护	TC64	IEC 60364–4–44: 2007	Low–voltage electrical installations–Part 4–44: Protection for safety–Protection against voltage disturbances and electromagnetic disturbances	该技术标准规定了由于各种原因产生的电压骚扰和电磁骚扰，电气装置的安全要求
18	安全防护	TC64	IEC TR 62066: 2002	Surge overvoltages and surge protection in low–voltage a.c.power systems–General basic information	该技术报告给出了低压交流系统中浪涌过电压和浪涌保护的基本信息，如典型的过电压幅值、周期等
19	短路电流	TC73	IEC 60865–1: 2011	Short–circuit currents–Calculation of effects–Part 1: Definitions and calculation methods	本部分适用于额定频率为50Hz或60Hz的低压、高压三相交流系统中的短路电流计算，包括机械和热效应计算。其中，包括硬导体和软导体的电磁效应计算和裸导体的热效应计算。对于电缆的短路电流参考IEC 60986标准

164

续表

序号	分类	技术委员会	标准编号	标准名称	范围
20	短路电流	TC73	IEC TR 60865−2：2015	Short−circuit currents−Calculation of effects−Part 2：Examples of calculation	这个技术报告给出了短路电流引起热和机械效应计算的示例
21	短路电流	TC73	IEC 60909−0：2016	Short−circuit currents in three−phase a.c.systems−Part 0：Calculation of currents	本部分适用于额定频率为50Hz 或 60Hz 的低压、高压三相交流系统中的短路电流计算，平衡和不平衡短路计算，其中包括在短路点引入等效电压源的方法
22	短路电流	TC73	IEC TR 60909−1：2002	Short−circuit currents in three−phase a.c.systems−Part 1：Factors for the calculation of short−circuit currents according to IEC 60909−0	该技术报告针对三相交流系统，为了满足短路电流计算的精度和简化要求，介绍了计算因子的来源及应用
23	短路电流	TC73	IEC TR 60909−2：2008	Short−circuit currents in three−phase a.c.systems−Part 2：Data of electrical equipment for short−circuit current calculations	本部分涵盖了从不同国家收集的电气设备数据，这些数据可用于计算低压电网的短路电流，收集到的数据及其评价可应用于中压或高压电网的规划，也可用作与设备制造商提供设备数据的对比
24	短路电流	TC73	IEC TR 60909−4：2000	Short−circuit currents in three−phase a.c.systems−Part 4：Examples for the calculation of short−circuit currents	技术报告给出了三相交流系统的计算案例，包括相序计算、低压系统的短路计算等
25	低压绝缘配合	TC109	IEC 60664−1：2007	Insulation coordination for equipment within low−voltage systems−Part 1：Principles，requirements and tests	该技术标准适用于低压电气设备的绝缘配合，给出了绝缘配合的原理、要求和试验
26	低压绝缘配合	TC109	IEC TR 60664−2−1：2011	Insulation coordination for equipment within low−voltage systems−Part 2−1：Application guide−Explanation of the application of the IEC 60664 series，dimensioning examples and dielectric testing	该技术报告适用于低压电气设备的绝缘配合，给出了绝缘配合交界面上的低压电涌保护器等设备的配置地点及要求

附录 B　发电厂和变电（换流）站用交流系统 IEC 设备技术标准一览表

序号	分类	技术委员会	标准编号	标准名称	范　围
1	电缆	TC20	IEC 60245−1：2003	Rubber insulated cables−Rated voltages up to and including 450 V/750 V− Part 1：General requirements	该标准适用于额定电压不超过 450V/750V 的橡皮绝缘和护套的硬和软电缆，规定了电缆的基本参数、试验项目和使用要求等
2	电缆	TC20	IEC 60702−1：2002	Mineral insulated cables and their terminations with a rated voltage not exceeding 750 V− Part 1：Cables	该技术标准适用于额定电压 500V 和 750V 铜芯铜或铜合金护套矿物绝缘一般布线电缆，规定了制造要去和特性以使矿物绝缘电缆在正确使用时是安全可靠性的，并固定了检测符合这些要求的试验方法
3	电缆	TC20	IEC 60702−2：2002	Mineral insulated cables and their terminations with a rated voltage not exceeding 750 V− Part 2：Terminations	该技术标准适用于额定电压 500V 和 750V 铜芯铜或铜合金护套矿物绝缘一般布线电缆的终端，规定了基本参数和试验等
4	电缆	TC20	IEC 60227−1：2007	Polyvinyl chloride insulated cables of rated voltages up to and including 450 V/750 V− Part 1：General requirements	该技术标准适用于额定电压不超过 450V/750V 的聚氯乙烯绝缘电缆，规定了电缆的基本参数、试验项目和使用要求等
5	电气配件	SC23B	IEC 60669−1：1998	Switches for household and similar fixed−electrical installations−Part 1：General requirements	该技术标准适用于交流额定电压不超过 440V、电流不超过 63A 的手动操作的普通开关，是家用和类似的固定电气设施用开关的一般技术条件
6	电气配件	SC23J	IEC 61020−1：2009	Electromechanical switches for use in electrical and electronic equipment−Part 1：Generic specification	该技术标准给出了电子设备用机电开关的术语、特征、试验方法和其必要信息，开关的最大额定电压不超过 480V、电流不超过 63A
7	电气配件	SC23E	IEC TR 60755：2008	General requirements for residual current operated protective devices	该技术报告适用于交流额定电压不超过 440V 的剩余电流动作保护器，规定了基础参数、分类、结构及设计等要求

续表

序号	分类	技术委员会	标准编号	标准名称	范围
8	电气配件	SC23E	IEC 60898-1：2015	Electrical accessories–Circuit–breakers for overcurrent protection for household and similar installations–Part 1：Circuit–breakers for a.c.operation	该技术标准适用于频率50Hz 或 60Hz、额定电压不超过 440V、电流不超过125A、短路容量不超过25 000A 的交流空气断路器，规定了基本参数、结构和运行要求等
9	电气配件	SC23E	IEC 60898-2：2000	Circuit–breakers for overcurrent protection for household and similar installations–Part 2：Circuit–breakers for a.c.and d.c.operation	该技术标准是 IEC 60898-1 标准的补充，除了补充了交流断路器技术要求外，还补充了直流断路器的要求
10	电气配件	SC23E	IEC 60934：2000	Circuit–breakers for equipment（CBE）	该技术标准给出了断路器设备的基本参数、试验和要求等
11	电气配件	SC23E	IEC 61008-1：2010	Residual current operated circuit–breakers without integral overcurrent protection for household and similar uses（RCCBs）–Part 1：General rules	该技术标准适用于额定电压不超过 440V、电流不超过 125A 的不带过流保护的剩余电流动作断路器，规定了分类、基础参数、结构和运行要求
12	电气配件	SC23E	IEC 61009-1：2010	Residual current operated circuit–breakers with integral overcurrent protection for household and similar uses（RCBOs）–Part 1：General rules	该技术标准适用于额定电压不超过 440V、电流不超过 125A、短路容量不超过 25 000A 的带过流保护的剩余电流动作断路器，规定基本参数、结构设计与运行要求、试验等
13	电气配件	SC23E	IEC 62020：1998	Electrical accessories–Residual current monitors for household and similar uses（RCMs）	该技术标准适用于交流额定电压不超过 440V、电流不超过 63A 的家用及类似用途的剩余电流检测仪，规定了基本特性、结构与运行要求、试验等
14	电气配件	SC23E	IEC 62606：2013	General requirements for arc fault detection devices	该技术标准提供了弧故障检测器的一般技术条件
15	电气配件	SC23J	IEC 61058-1：2000	Switches for appliances–Part 1：General requirements	该技术标准给出了设备开关的一般技术要求，开关最大额定电压不超过440V，电流不超过 63A
16	熔断器	SC32B	IEC 60269-1：2006	Low–voltage fuses–Part 1：General requirements	该技术标准适用于装有额定分断能力不小于 6kA 的封闭式限流熔断体的熔断器。该熔断器作为保护标称电压不超过 1000V 的交流工频电路或标称电压不超过 1500V 的直流电路用

续表

序号	分类	技术委员会	标准编号	标准名称	范围
17	电涌保护器	SC37A	IEC 61643-11: 2011	Low-voltage surge protective devices-Part 11: Surge protective devices connected to low-voltage power systems-Requirements and test methods	本部分适用于对间接雷电和直接雷电效应或其他瞬态过电压的电涌进行保护的电器，这些电器被组装后连接到交流额定电压不超过 1000V、50Hz/60Hz 或直流电压不超过 1500V 的电路和设备。规定了这些电器的特性、标准试验方法和额定值，这些电器至少包含一个用来限制电压和泄放电流的非线性的元件
18	低压开关	SC121B	IEC 61439-1: 2011	Low-voltage switchgear and controlgear assemblies-Part 1: General rules	该技术标准适用于低压开关设备和控制成套设备，规定了产品基本性能的所有规则和要求，给出了产品的用途和试验方法等
19	低压开关	SC121B	IEC 61439-2: 2011	Low-voltage switchgear and controlgear assemblies-Part 2: Power switchgear and controlgear assemblies	该技术标准适用于低压开关设备和控制成套设备中的功率开关及成套设备，规定了产品基本性能的所有规则和要求，给出了产品的用途和试验方法等
20	低压开关	SC121A	IEC 60947-1: 2007	Low-voltage switchgear and controlgear-Part 1: General rules	该技术标准适用于低压开关设备和控制设备，规定了产品基本性能的所有规则和要求，给出了产品的用途和试验方法等
21	低压开关	SC121A	IEC 60947-2: 2016	Low-voltage switchgear and controlgear-Part 2: Circuit-breakers	该技术标准适用于低压断路器，给出了产品的用途和试验方法等
22	低压开关	SC121A	IEC 60947-3: 2008	Low-voltage switchgear and controlgear-Part 3: Switches, disconnectors, switch-disconnectors and fuse-combination units	该技术标准适用于低压开关、隔离开关、熔断器等，给出了产品的用途和试验方法等
23	电涌保护器	SC37A	IEC 61643-12: 2008	Low-voltage surge protective devices-Part 12: Surge protective devices connected to low-voltage power distribution systems-Selection and application principles	该技术标准适用于连接到交流 50Hz 和 60Hz，交流电压有效值不超过 1000V，或直流电压不超过 1500V 的 SPD 的选择、工作、安装位置和配合原则，包括在 IT 等系统中应用
24	低压开关	SC121A	IEC TR 61912-1: 2007	Low-voltage switchgear and controlgear-Overcurrent protective devices-Part 1: Application of short-circuit ratings	该技术报告是低压开关设备和控制设备及成套设备标准短路额定的应用导则，概况了短路额定的定义，并对其应用提供相应示例

续表

序号	分类	技术委员会	标准编号	标准名称	范 围
25	低压开关	SC121A	IEC TR 61912–2：2009	Low–voltage switchgear and controlgear–Over–current protective devices–Part 2: Selectivity under over–current conditions	该技术报告提供了低压开关设备和控制设备中的过电压保护电器间的配合原则，并给出了应用示例
26	电缆	TC20	IEC 62440：2008	Electric cables with a rated voltage not exceeding 450 V/750 V–Guide to use	该技术标准适用于电压不超过 450V/750V 的电缆，是制造商使用指南的补充
27	熔断器	SC32B	IEC TR 60269–5：2014	Low–voltage fuses–Part 5: Guidance for the application of low–voltage fuses	该技术报告用于指导低压断路器的应用，包括限流熔断器如何保护复杂敏感的电气和电子设备。适用于按照 IEC 60269 系列设计和制造的交流至 1000V、直流至 1500V 的低压熔断器

附录 C 发电厂和变电（换流）站用交流系统 IEC
测试装置技术标准一览表

序号	分类	技术委员会	标准编号	标准名称	范围
1	电气参数测量设备	TC85	IEC 61557-1：2007	Electrical safety in low voltage distribution systems up to 1000V a.c.and 1500V d.c.–Equipment for testing, measuring or monitoring of protective measures–Part 1：General requirements	该技术标准适用于试验、测量、监测装置，电压不超过交流1000V、直流1500V，规定了产品的通用要求
2	电气参数测量设备	TC85	IEC 61557-8：2014	Electrical safety in low voltage distribution systems up to 1000V a.c.and 1500V d.c.–Equipment for testing, measuring or monitoring of protective measures–Part 8：Insulation monitoring devices for IT systems	该技术标准适用于绝缘监测装置，电压不超过交流1000V、直流1500V，规定了产品的通用要求
3	电气参数测量设备	TC85	IEC 61557-9：2014	Electrical safety in low voltage distribution systems up to 1000V a.c.and 1500V d.c.–Equipment for testing, measuring or monitoring of protective measures–Part 9：Equipment for insulation fault location in IT systems	该技术标准适用于绝缘故障定位仪，电压不超过交流1000V、直流1500V，规定了产品的通用要求
4	电气参数测量设备	TC85	IEC 61557-12：2007	Electrical safety in low voltage distribution systems up to 1000V a.c.and 1500V d.c.–Equipment for testing, measuring or monitoring of protective measures–Part 12：Performance measuring and monitoring devices（PMD）	该技术标准适用于测量和监控电参数的综合性能测量和监控装置，主要是测量电能质量、电压、电流、功率等，电压不超过交流1000V、直流1500V，规定了产品的通用要求
5	电气参数测量设备	TC85	IEC 61557-15：2014	Electrical safety in low voltage distribution systems up to 1000V a.c.and 1500V d.c.–Equipment for testing, measuring or monitoring of protective measures–Part 15：Functional safety requirements for insulation monitoring devices in IT systems and equipment for insulation fault location in IT systems	该技术标准适用于 IT 系统的绝缘监测装置和 IT 系统的绝缘故障点测定装置，规定了产品的功能安全性要求

参 考 文 献

［1］Roger C Dugan，Mark F McGranaghan，Surya Santoso，et al. Electrical Power Systems Quality. New York：McGraw-Hill Professional，2012.

［2］白忠敏，刘百震，於崇干. 电力工程直流系统设计手册. 2 版. 北京：中国电力出版社，2009.

［3］邓长红. 500kV 变电站站用电源设置方案比较. 电力建设，2006，27（10）：33-35.

［4］李苇，卢铭. 特高压变电站站用电系统设计探讨. 电力建设，2009，30（2）：25-27.

［5］查申森，郑建勇，胡继军. 一级降压站用电系统在特高压变电站中的应用. 电力建设，2012，33（5）：32-36.

［6］许卫刚，廖文锋，顾舒扬. 直流输电工程站用电系统运行分析. 高电压技术，2006，32（9）：157-159.

［7］Shang L，Herold G，Jaeger J，et al. High-speed fault identification and protection for HVDC line using wavelet technique. Power Tech Proceedings，2001，3：5.

［8］Shang L，Herold G，Jaeger J，et al. Analysis and identification of HVDC system faults using wavelet modulus maxima. IEEE AC-DC Power Transmission：2001 Conference Publication，2001（485）：315-320.

［9］Cheng Bing. Retrofitting design and equipment selection of station supply of transformer substation. Electric Power Construction，2006，27（3）：61-62.

［10］Song Lei，Li Yimin，Kong Jun，et al. Reliability Analysis on Automatic Transfer Switch，Proceedings of the 1st International Conference on Reliability of Electrical Products and Electrical Contacts，2004，（8）：8-9.

［11］荣命哲，王小华. 智能开关电器设计方法探讨. 高压电器，2010，46（9）：1-2.

［12］臧春艳，胡李栋. 智能型开关电器的研发现状与分析. 高压电器，2011，47（3）：1-5.

［13］荣命哲，王小华，王建华. 智能开关电器内涵的新发展探讨. 高压电器，2010，46（5）：1-3.

［14］Yang Xing，Lipei Huang. Novel control for redundant parallel UPSs with instantaneous current sharing. power Conversion Conference，PCC Osaka 2002，Proeeedings of the IEEE，

2002（3）：959–963.

[15] Lee，C S，Kim，et al. Parallel UPS with a instantaneous current sharing control. Industrial Electronics Society，IECON'98. Proeeedings of the 24th Annual Conference of the IEEE，1988，（1）：568–573.

[16] CHEN J F，CHU C L. Combination voltage–controlled and current–controlled PWM inverters for UPS Parallel operation. IEEE Transactions on Power Electronics，1996，10（5）：547–558.

[17] Shanghai UHV Electric Transformation Company. AC&DC Auxiliary Power System and Measuring Instrument（in Chinese），2005.

[18] Dr C R Bayliss，B J Hardy. Transmission and Distribution Electrical Engineering. Dutch Empire：ELSEVIER，2012.

[19] 王宏伟，张杰. 电力电子技术. 北京：中国电力出版社，2009.

[20] Montero–Hernandez O C，Enjeti P N. Ride–through for critical loads. IEEE Industry Applications Magazine，2002，8（6）：45–53.

[21] Naidoo R，Pillay P A. New Method of Voltage Sag and Swell Detection. IEEE Transactions on Power Delivery，2007，22（2）：1056–1063.

[22] New Method of Voltage Sag and Swell Detection，IEEE Transactions on Power Delivery，2007，22（2）：1056–1063，

[23] Montero–Hernandez O C，Enjeti P N. A Fast Detection Algorithm Suitable for Mitigation of Numerous Power Quality Disturbances. IEEE Transactions on Industry Applications，2005，41（6）：1684–1690.

[24] Naidoo R，Pillay P. A New Method of Voltage Sag and Swell Detection. IEEE Transactions on Power Delivery，2007，22（2）：1056–1063.